essentials

essentials liefern aktuelles Wissen in konzentrierter Form. Die Essenz dessen, worauf es als „State-of-the-Art" in der gegenwärtigen Fachdiskussion oder in der Praxis ankommt. *essentials* informieren schnell, unkompliziert und verständlich

- als Einführung in ein aktuelles Thema aus Ihrem Fachgebiet
- als Einstieg in ein für Sie noch unbekanntes Themenfeld
- als Einblick, um zum Thema mitreden zu können

Die Bücher in elektronischer und gedruckter Form bringen das Fachwissen von Springerautor*innen kompakt zur Darstellung. Sie sind besonders für die Nutzung als eBook auf Tablet-PCs, eBook-Readern und Smartphones geeignet. *essentials* sind Wissensbausteine aus den Wirtschafts-, Sozial- und Geistes-wissenschaften, aus Technik und Naturwissenschaften sowie aus Medizin, Psychologie und Gesundheitsberufen. Von renommierten Autor*innen aller Springer-Verlagsmarken.

Weitere Bände in der Reihe https://link.springer.com/bookseries/13088

Wolfgang Kemmler · Michael Fröhlich ·
Christoph Eifler

Ganzkörper-Elektromyostimulation

Effekte, Limitationen, Perspektiven
einer innovativen Trainingsmethode

Springer Spektrum

Wolfgang Kemmler
Institut für Medizinische Physik
und Mikrogewebetechnik
Institut für Radiologie
Friedrich-Alexander-Universität
Erlangen-Nürnberg
Erlangen, Deutschland

Michael Fröhlich
Fachgebiet Sportwissenschaft
Arbeitsgruppe Bewegungs- und
Trainingswissenschaft
TU Kaiserslautern
Kaiserslautern, Deutschland

Christoph Eifler
Fachbereich Trainings- und
Bewegungswissenschaft
Deutsche Hochschule für
Prävention und Gesundheitsmanagement
Saarbrücken, Deutschland

ISSN 2197-6708   ISSN 2197-6716   (electronic)
essentials
ISBN 978-3-662-65205-3   ISBN 978-3-662-65206-0   (eBook)
https://doi.org/10.1007/978-3-662-65206-0

Die Deutsche Nationalbibliothek verzeichnet diese Publikation in der Deutschen Nationalbibliografie; detaillierte bibliografische Daten sind im Internet über http://dnb.d-nb.de abrufbar.

Planung/Lektorat: Ken Kissinger
Springer Spektrum ist ein Imprint der eingetragenen Gesellschaft Springer-Verlag GmbH, DE und ist ein Teil von Springer Nature.
Die Anschrift der Gesellschaft ist: Heidelberger Platz 3, 14197 Berlin, Germany

Was Sie in diesem *essential* finden können

- Einführung in das Ganzkörper-Elektromyostimulations-Training (WB-EMS)
- Informationen zu Methoden und Verfahren der WB-EMS
- Grundlegende Hinweise zu Wirkeffekten der WB-EMS
- Handlungsempfehlungen und Sicherheitsaspekte der WB-EMS
- Übersicht zur Marktsituation und zu zukünftigen Entwicklungen

Vorwort

Die Ganzkörper-Elektromyostimulation (WB-EMS) als neuere Trainingstechnologie erfährt nicht nur in Deutschland, sondern zusehends weltweit Beachtung. Da im Gegensatz zu einem konventionellen Training, bei der WB-EMS „der Strom die Arbeit macht" gilt es bei dieser Trainingsmethode einige grundlegende Besonderheiten zu berücksichtigen. Neben der geringeren Gelenkbelastung ist die hohe Zeiteffizienz bei dieser Trainingsform hervorzuheben. So adressieren gängige WB-EMS-Anbieter auf eine Trainingshäufigkeit von einer bis 1,5 Anwendungen pro Woche, bei einer Trainingsdauer von 20 min und vergleichsweise hoher intermittierender Impulsintensität mit 4–6 s Impulsdauer und 4 s Impulspause.

Neben der Wahl der klassischen Belastungsnormativa wie Reizhöhe, -dauer, -anzahl, -dichte und Trainingshäufigkeit stellen sich im Rahmen der WB-EMS-Applikationen jedoch auch Fragen zur bestmöglichen Komposition der Stromparameter wie Impulsart, -frequenz, -breite und -anstieg zur optimierten Realisierung gegebener Trainingsziele. Während im konventionellen Krafttraining evidenzbasierte Erkenntnisse zu Wirkmechanismen, gesundheitlichen und präventiven Aspekten sowie zu zieladäquaten Adaptationen vorliegen, ist die Forschungslage zur WB-EMS dahin gehend noch sehr rudimentär. Darüber hinaus sollte der Aspekt der inadäquat hochintensiven WB-EMS-Anwendung, insbesondere der Erstanwendung in Bezug auf gesundheitliche Risiken weiter thematisiert werden. So gilt es die überaus positiven gesundheitlichen Aspekte weiter zu beleuchten und die Risiken durch geeignete Handlungsempfehlungen und wissenschaftliche Evidenz zu minimieren.

Das vorliegende Essential möchte dazu einerseits einen Beitrag leisten, indem obige Themen aufgegriffen und diskutiert und andererseits Trends und Entwicklungen im WB-EMS-Markt vorgestellt werden. Da der WB-EMS-Markt und die technologischen Entwicklungen sehr dynamisch sind und die Forschungslage zum WB-EMS vergleichsweise noch am Anfang steht, ist das Essential daher als Einstieg in die Thematik zu verstehen.

März 2022   Wolfgang Kemmler
                                                                    Michael Fröhlich
                                                                    Christoph Eifler

Inhaltsverzeichnis

Einleitung

Wolfgang Kemmler, Michael Fröhlich und Christoph Eifler

1.1 Verortung

Ganzkörper-Elektromyostimulation (GK-EMS) bzw. *Whole-Body-Electromyostimulation* (WB-EMS) ist eine vergleichsweise neue, deutschstämmige Trainingstechnologie, die sich zunehmender Beliebtheit in verschiedenen Settings- und Anwendungsfeldern erfreut. Ein wesentlicher Grund für die Popularität, ist neben der geringeren Gelenkbelastung dieser Trainingsmethode die hohe Zeiteffektivität bzw. -effizienz derzeitiger Angebote. Im kommerziellen, nicht-medizinischen WB-EMS erfolgt i. d. R. lediglich eine 20-minütige Anwendung pro Woche – auch im Wissenschaftsbetrieb liegt die Trainingsfrequenz mit überwiegend drei Einheiten in zwei Wochen kaum höher. Diese intendierte hohe Zeiteffizienz macht WB-EMS für eine Vielzahl unterschiedlicher Anwender interessant. Dazu zählen insb. Personengruppen mit geringen zeitlichen Ressourcen, Sportlerkollektive, aber auch ältere Menschen, die primär vom WB-EMS Aspekt der Gelenkfreundlichkeit und der engen Interaktion und Supervision derzeitiger WB-EMS Angebote profitieren. Die Motivation zur Anwendung von WB-EMS deckt dabei alle Facetten und Ziele eines Fitness- und Gesundheitstrainings ab. Gemäß einer Endkundenbefragung aus dem Jahr 2017 (EMS-Training.de, 2017) sind zusammengefasst „physische Attraktivität" (hier: „Körperstraffung", „Muskelaufbau", „Abnehmen" und „Cellulite"), gefolgt von körperlicher Fitness und Linderung von Rückenschmerz die meistgenannten Gründe für den Besuch kommerzieller, nicht-medizinischer WB-EMS Angebote. Aspekte wie „Prävention" und „Rehabilitation" bestehender Beschwerden und/oder Erkrankungen werden nachrangig genannt, wobei der Trend zu einem WB-EMS-Training in höherem Lebensalter immer prominenter nachgefragt und anbieterseitig zunehmend adressiert wird. Ob und inwieweit WB-EMS zur Realisierung der oben

genannten Trainingsziele beitragen kann, möchten wir in diesem *essential* beispiel-
haft in Kap. 4 besprechen.

Grundsätzlich wichtig erscheint die Information, dass im kommerziellen,
nicht-medizinischen WB-EMS Markt – also der weitaus größten Anzahl der
Anbieter – WB-EMS im Sinne eines *„resistance-type exercise"* mit vergleichsweise hoher Impulsintensität intermittierend, meist mit 4–6 s Impulsdauer und
4 s Impulspause über 20 min appliziert wird. Die geringe Trainingshäufigkeit von
einer Anwendung pro Woche verstärkt diese Einschätzung einer kraftorientierten
Methodenvariante. Tatsächlich könnte WB-EMS als Trainingsinhalt aber auch
ausdauerorientiert, im Sinne langer, moderat-intensiver und häufiger Anwendung
ausgestaltet werden, verliert aber dadurch sein Alleinstellungsmerkmal der Zeiteffizienz. Neben der Wahl der klassischen Belastungsnormativa wie Reizhöhe,
-dauer, -anzahl, -dichte und Trainingshäufigkeit stellen sich im Rahmen der WB-
EMS-Applikationen Fragen zur bestmöglichen Komposition der Stromparameter
(z. B. Impulsart, -frequenz, -breite und -anstieg) zur optimierten Realisierung
gegebener Trainingsziele. Grundsätzlich sollte man meinen, dass viele dieser
Fragen bereits über die lange etablierte lokale EMS-Forschung beantwortet
wurden. Tatsächlich zeigt Kap. 2, dass in diesem Spannungsfeld noch erheblicher
Forschungsbedarf besteht.

Die „gefährdende Seite" der WB-EMS-Applikation soll ebenfalls nicht
unerwähnt bleiben (Kap. 3). Dass inadäquat hochintensive WB-EMS-Anwendung
insbesondere bei Erstanwendung zu gesundheitlichen Konsequenzen führen kann,
ist unstrittig. Welche Aspekte zur Vermeidung unerwünschter Ereignisse berücksichtigt werden müssen, ist ebenfalls ein wesentlicher Aspekt des *essentials*.

Final richtet der Beitrag in Kap. 5 einen Blick auf die Marksituation, Trends
und Entwicklung im WB-EMS Markt, um den Leser in die wirtschaftliche
Anwendungsperspektive einzuführen.

1.2   Abgrenzung zur lokalen EMS-Applikation

Die grundsätzliche Abgrenzung zur lokalen EMS kann über den hohen Umfang
der simultan stimulierten Muskulatur erfolgen. Dieser Aspekt findet sich zentral
in der Definition der WB-EMS-Technologie wieder (Kemmler et al., 2020):

▶ WB-EMS ist eine simultane Stromapplikation über mindestens sechs Strom-
kanäle respektive Beteiligung aller großer Muskelgruppen sowie mit einem
Stromimpuls, dessen Reizhöhe trainingswirksam ist und Adaptationen auslöst.

Abhängig vom jeweiligen System existieren neben der Anzahl der stimulierten Muskelgruppen weitere Unterschiede. Betrachtet man die Systeme namhafter Hersteller, so grenzen sich diese durch weitere Aspekte von der klassischen lokalen EMS ab:

• Bei der WB-EMS der Extremitäten werden Agonist und Antagonist sowie benachbarte Muskelgruppen über die bei (unseres Wissens) allen Herstellern ringförmigen Arm- und Beinmanschetten simultan stimuliert. Eine dezidierte Ansteuerung einzelner Muskelgruppen unterhalb der Manschette ist nicht möglich.

• Im Gegensatz zur lokalen Stimulation sind die Elektroden an den gegenüber-liegenden Seiten der Stimulationsareale bzw. Körperregionen angebracht und der Körper dadurch quer durchflutet. Große Muskelgruppen beider Körperseiten wird somit mit denselben Stimulationsgrößen adressiert, die Möglichkeit einer dezidierten Ansteuerung einer schwächeren Seite ist somit grundsätzlich nicht möglich. Allerdings kann an den Extremitäten über Platzierung beider Elektrodenmanschetten auf derselben Extremität auch uni-lateral stimuliert, bzw. die Intensität für die einzelnen Extremitäten jeweils separat reguliert werden.

• Die Elektroden sind im Allgemeinen flächiger als beim konventionellen lokalen EMS. Insofern kann die Muskulatur großer Muskelgruppen auch umfassender stimuliert werden. Durch die großen Elektrodenflächen, die bereits in der WB-EMS Bekleidung integriert sind, entfällt auch die zeitauf-wändige Platzierung der lokalen Elektroden.

• Beim WB-EMS erfolgt eine biphasische Stromapplikation mit Wechselstrom überwiegend im intermittierenden dynamischen Modus. Durch letzteren Aspekt und die simultane Stimulation aller großen Muskelgruppen, kann durch geeignete adjuvante Körperübungen Einfluss auf koordinative Fähig-keiten und Propriozeption ausgeübt werden.

▷ WB-EMS kann als eine spezifische Weiterentwicklung des lokalen EMS angesehen werden, welche alle großen Muskelgruppen simultan, aber dezidiert stimulieren kann.

Methoden und Verfahren der WB-EMS

2

Wolfgang Kemmler, Michael Fröhlich
und Christoph Eifler

2.1 Grundlagen der Muskelstimulation mittels WB-EMS

Der obige Begriff der Muskelstimulation ist insofern irreführend, als dass die Schwelle zur Erregung motorischer Nerven deutlich niedriger liegt, als diejenige des korrespondierenden Muskels. Über die oberflächlich aufliegende Elektrode wird bei der WB-EMS zunächst der Nerv stimuliert, der über die Alpha-Motoneuronen und die motorischen Endplatten eine Muskelkontraktion bewirkt. Lässt man die Vielzahl der Applikationsmöglichkeiten elektrischer Ströme außer Acht und fokussiert sich auf die derzeit etablierte Technologie, so kommen bei der WB-EMS grundsätzlich *bipolare* (biphasische) Reizströme, im Niederfrequenz- (0–1000 Hz) und (modularen) Mittelfrequenzbereich (>1000 Hz–<1 MHz) zum Einsatz. Dabei erfolgt i. d. R. eine Amplitudenmodulation, bei der kurze Pausen zwischen den Impulsfolgen zwischengeschaltet sind. Im Weiteren werden die zentralen Impulsparameter der WB-EMS im Einzelnen vorgestellt.

▶ Wie in der klassischen Trainingssteuerung sollte bedacht werden, dass erst die Kombination der Stimulationsparameter untereinander und die Berücksichtigung klassischer Belastungsnormativa und einschlägig relevanter Trainingsprinzipien eine (nachhaltige) effektive WB-EMS charakterisiert.

2.2   Impulsparameter

2.2.1   Impulsart

Bei der WB-EMS wird ein biphasischer (bipolarer) Impuls verwendet. Im Gegensatz zum monophasischen (monopolaren) Impuls herrscht dabei ein stetiger Wechsel der Fließrichtung („Wechselstrom"). Zur Stimulation großer Muskelareale werden bei der WB-EMS gleich große Elektroden an den korrespondierenden Muskeln der rechten und linken Körperseite angebracht und somit, ebenfalls im Gegensatz zur lokalen Applikation, nicht überwiegend punktuell, sondern flächig und im Sinne einer Querdurchflutung stimuliert.

2.2.2   Impulsfrequenz

Die Impulsfrequenz beschreibt die Anzahl der Einzelimpulse je Sekunde in der Einheit Hertz (Hz). Aufgrund der heftigen Kontroversen zwischen Verfechtern niederfrequenter WB-EMS-Applikation im Bereich von 0–1000 Hz (Edel, 1991) und Anhängern einer modularen Mittelfrequenz bezüglich der „günstigsten Impulsfrequenz" soll dieser Parameter etwas ausführlicher betrachtet werden. Modulierte mittelfrequente Ströme (MF), also mittelfrequente Basisströme ($\approx$2 kHz) mit niederfrequenter Modulationsfrequenz (0,5–250 Hz) bieten den Vorteil einer geringeren sensiblen Belastung (Edel, 1991) und sind möglicherweise mit höherer „Einwirkungstiefe" verbunden. Als wesentlicher Nachteil dieser Methode gilt die ausgeprägte „High-Frequency-Fatigue", die in gewissem Widerspruch zu den Zielen des Muskeltrainings steht (Stefanovska & Vodovnik, 1985). Die Evidenz für die grundsätzliche Überlegenheit einer Methode auf bspw. die Kraftentwicklung als relevanten Outcome ist allerdings limitiert. Betrachtet man die Verbesserung der Muskelkraft der Beinstrecker als Kriterium, so zeigt eine vergleichende Interventionsstudie (Stefanovska & Vodovnik, 1985) höhere Kraftzuwächse (25 % vs. 13 %; nicht signifikant) nach Nieder- (25 Hz) verglichen mit modularer Mittelfrequenz (2500 Hz). Daten zur akuten Kraftentwicklung zeigen vergleichbare (Aldayel et al., 2010) oder überlegene Effekte der niederfrequenten Stimulation (Laufer & Elboim, 2008). Im Bereich der WB-EMS liegen unseres Wissens fast ausschließlich Untersuchungen für den niederfrequenten Frequenzbereich vor. Klassifiziert man in diesem Spektrum die Frequenzen, so wird für die Muskel- und Kraftentwicklung der Bereich von $\geq$ 50–90 Hz als besonders günstig angesehen (Edel, 1991). Im Gegensatz dazu zeigte eine vergleichende 10-wöchige Untersuchung mit Standard-WB-EMS-Protokoll keine signifikanten Unterschiede bei Stimulationsfrequenzen von 25 Hz vs. 85 Hz auf Kraft- und Leistungsparameter bei untrainierten Probanden (Berger et al., 2020).

2.2.3 Impulsbreite

Die Impulsbreite beschreibt die Dauer bzw. die Einwirkungszeit eines Einzelimpulses in µs. Sie richtet sich grundsätzlich nach dem Zeitbedarf zur Erregung der motorischen Nervenfaser (Chronaxie), die jedoch deutlich variiert (Edel, 1991). Je geringer die Impulsbreite, desto höher muss die Impulsamplitude („Intensität") sein, um einen Schwellenreiz zu generieren. Bei moderat hoher Impulsbreite (300–400 µs) dringt der Reiz grundsätzlich tiefer in das Gewebe ein und rekrutiert vermehrt motorische Einheiten (Wenk, 2011), während niedrige Impulsbreiten oberflächlich bleiben und hohe (≥500 µs) Impulsbreiten als schmerzhaft empfunden werden.

2.2.4 Impulsanstieg

Der Impulsanstieg beschreibt die zeitliche Dauer, bis der Impuls sein Maximum erreicht. Unmittelbare also rechteckige Impulsanstiege und -abfälle zeigen meist die günstigsten Effekte auf Muskelkraft und Leistungsparameter und werden in der WB-EMS bei ausreichend Konditionierten primär eingesetzt. Bei hoher Impulsintensität kann ein Rechteckimpuls, auch bei aktiver Voranspannung schmerzhaft sein, sodass sich bei nicht-athletischen Kollektiven, in Abhängigkeit von Impulsdauer und Trainingsziel, ein rampenförmiger Anstieg und Abfall mit „einschleichender" Wirkung im Bereich 0,4–0,6 s empfiehlt. Als Stromflusszeit oder Impulsdauer wird übrigens nur der Plateaubereich gewertet.

2.2.5 Impulsdauer (Stromflusszeit)

Die Impulsdauer definiert sich über die Zeitspanne des einwirkenden Stimulationsreizes in Sekunden. Diese kann grundsätzlich überdauernd oder intervallartig bzw. intermittierend („on–off") gewählt werden. Lange oder gar überdauernde Impulsdauer korreliert negativ mit der Impulsintensität und wird eher als (kraft-)ausdauerwirksam betrachtet. Die kraftorientierten Standard-EMS-Protokolle kommerzieller Anbieter wenden überwiegend kurze bis moderate Impulsdauer (4–6 s) intermittiert durch Impulspausen (4 s) an. Der sog. *„duty cycle"* („on–off"-Relation) bezeichnet dabei die Reizdichte. Ein duty cycle von 50 % wird also bspw. durch eine Impulsdauer von 4 s, jeweils intermittiert von einer Impulspause von 4 s, realisiert.

2.2.6 Impulsintensität (Impulsamplitude)

Die Impulsintensität spielt bei der Frage der Effektivität der WB-EMS eine absolut zentrale Rolle. Ähnlich wie beim Krafttraining gilt es zwischen absoluter und relativer Intensität zu unterscheiden. Die physikalische Impulsstärke in Milliampere (mA) per se ist dabei als Steuergröße im WB-EMS wenig geeignet. Eine validere, weil individuelle Vorgabe wird über die Rate der maximal willkürlichen Kontraktion (% MVC)[1] und insbesondere die individuell maximal tolerierbare Beanspruchung (% 1MT) gewährleistet. Zur Realisierung relevanter muskulärer Anpassungen wird in der Literatur eine Impulsintensität von >50 % MVC empfohlen. Obwohl einige Ansätze (Kim & Jee, 2020) die maximal tolerable Stromintensität (1MT pro Muskelgruppe) erfassen, erfolgt die Intensitätsvorgabe vorwiegend nicht anhand dieses Bezugswertes, sondern letztlich auch im Rahmen der korrespondierenden subjektiven Belastungseinschätzung des Probanden[2]. Meist wird dabei die *Borg CR 10 Skala* (Borg & Borg, 2010) verwendet, bei der bereits „5" hart/schwer und „10" maximal (1MT) charakterisiert. Da während der Trainingseinheit ein Gewöhnungseffekt einsetzt, muss die relative Impulsintensität (mA) pro Muskelgruppe sukzessive erhöht werden, um die absolute Intensität und Beanspruchung konstant zu halten. Insofern ist eine konsequente Progression der Impulsintensität inhärent in dieser Methode implementiert. Viele Untersucher erachten allerdings die subjektive Belastungsvorgabe in der WB-EMS als unbefriedigend, vor allem da vom Probanden ein gutes Körpergefühl und eine adäquate Compliance zur Umsetzung von Vorgaben im höherintensiven Bereich gefordert ist. Der Personal-Training-Ansatz der WB-EMS in Forschung

---

[1] Hier erfolgt ein Vergleich der unter EMS entwickelten Kraft zur im isometrischen Modus erfassten willkürlichen (isometrischen) Maximalkraft. Unter EMS-Applikation kann die Impulsintensität 100 % des MVC deutlich übersteigen, d. h. die Reizschwelle von >50 % MVC liegt vergleichsweise niedrig.

[2] D. h., die stufenförmige Erhöhung der Impulsstärke diente auch zur „Eichung" der subjektiven Belastungseinschätzung.

und kommerziellem Setting erscheint hier ideal geeignet, diese Aspekte durch individualisierte Ansprache und Anleitung zu adressieren.

2.2.7 Applikationsdauer

Prinzipiell richtet sich die Dauer einer WB-EMS-Trainingssession primär nach der Komposition der Impulsparameter und somit nach dem Trainingsziel. Die derzeit von kommerziellen Anbietern, aber auch der Forschung favorisierte, intensive Methodenvariante zur Verbesserung kraftaffiner Größen, sieht eine lediglich 20-minütige Gesamtdauer vor. Üblicherweise wird diese Trainingsdauer nach 4–6 einführenden, etwas kürzeren Einheiten mit progressiver Erhöhung dieser Größe erreicht.

2.2.8 Applikationsform

Unabhängig von den Stimulationsgrößen kann WB-EMS in motorisch passiver oder aktiver Form durchgeführt werden. Studiendaten belegen (Kemmler et al., 2015b) günstigere Effekte auf Maximalkraft und Körperzusammensetzung eines mit (vs. „ohne") unterschwelliger, willkürlicher Intensität durchgeführten aktiven WB-EMS im Liegen – zumindest bei älteren Menschen. Aus funktioneller Sicht erscheint ein aktives WB-EMS-Training ohnehin zielführender, da durch die Bewegungen und aktive Muskelansteuerung die Koordination verbessert werden kann, wobei der Strom die Kontraktionsstärke der aktiven Muskeln erhöht. Allein der Grad der willkürlichen Aktivierung bei der aktiven WB-EMS unterscheidet sich erheblich. Das im Leistungssport verbreitete Konzept des *„superimposed"* WB-EMS setzt dabei auf intensive, disziplinspezifische oder -relevante willkürliche Muskelaktivierung, welche durch zusätzliche WB-EMS-Applikation „überlagert" wird. Die zusätzlichen Effekte gegenüber einem konventionellen Training sind dabei meist zwar gering (Wirtz et al., 2019), aber für austrainierte Sportlerkollektive durchaus relevant. Im Gesundheits- und Fitnessbereich wird im Gegensatz dazu mit niedrig-intensiver, willkürlicher Muskelaktivierung und angemessen intensiver Impulsapplikation gearbeitet – d. h. „der Strom macht die Arbeit".

2.2.9 Applikationsschlüssel

Die Frage der Anleitung und Supervision der WB-EMS ist ebenfalls ein Aspekt regelmäßiger Kontroversen. Die Autoren sprechen sich klar für einen DIN-konformen Betreuungsschlüssel von maximal 1 (Trainer) zu 2 (Trainierenden) aus. Gefährdungspotential (Strahlenschutzkommission, 2019) wie auch Sicherstellung einer effektiven Applikation gebieten eine durchgehende Interaktion zwischen Trainer und Trainierenden. Das umfasst einen engmaschigen verbalen, visuellen und gegebenenfalls auch haptischen (taktilen) Informationsaustausch. Zur Steuerung der Impulsintensität/Elektrode sollte während einer Trainingseinheit eine regelmäßige verbale Abfrage der individuellen Beanspruchung ggf. mit Nachjustierung der Stromintensität erfolgen (Abschn. 3.2). Ein geringer Abstand zum Trainierenden ermöglicht dem Trainer zudem eine präzise visuelle Kontrolle, eine problemlose verbale Kommunikation, die Durchführung manueller Intensitätstechniken sowie ein schnelles Eingreifen im Falle eines Ereignisses.

> ⯈ Konsequente Supervision und Anleitung hat bei der WB-EMS hinsichtlich Sicherheit und Effektivität der Applikation eine höhere Relevanz als bei anderen Trainingsinhalten bzw. Belastungstypen.

2.2.10 Trainingshäufigkeit

Ein zentraler Aspekt der WB-EMS ist seine hohe Zeiteffektivität, primär generiert durch eine geringe Trainingshäufigkeit. Die überwiegende Anzahl von Untersuchungen (Kemmler et al., 2021b) verwendet eine Trainingshäufigkeit von 1,5 Trainingseinheiten pro Wochen, also drei Trainingseinheiten in zwei Wochen. In der kommerziellen, nicht medizinischen WB-EMS erfolgt eine einmalige Applikation pro Woche, für die für einige Fragestellungen ebenfalls positive Effekte belegt sind. Eine Rationale für die dergleichen geringe Trainingshäufigkeit war die Beobachtung, dass Peakwerte für biochemische Muskelgrößen (z. B. Kreatinkinase) nach ausbelasteter WB-EMS Applikation im Gegensatz zu konventioneller Trainingsbelastung erst 3–4 Tage „post-exercise" zu beobachten sind, eine neuerliche Reizsetzung in diesem Zeitraum also kontraproduktiv bleibt. Wie lange diese niedrige Trainingshäufigkeit nach ausreichender Konditionierung auch bei (progressiver) intensiver Belastungskomposition (s. o.) effektiv bleibt, sollte durch länger andauernde WB-EMS Studien zwingend evaluiert werden.

2.3   Belastungskomposition in der WB-EMS – das klassische WB-EMS-Protokoll

Folgt man obigen Empfehlungen und dem Aspekt der WB-EMS als kraft-orientierte Trainingsmethode, so erklärt sich das derzeit in Wissenschaft und kommerziellen Übungsbetrieb primär eingesetzte WB-EMS Protokoll unmittel-bar.

▷   Ausgehend von einem Trainingsvolumen von 1 bzw. 1,5 × 20 min pro Woche erfolgt ein bipolarer Impuls mit 80–85 Hz bei einer Impulsbreite von 300–400 µs über 4–6 s Dauer mit einer Impuls-pause von 4 s. Die Impulsintensität liegt mit 6–8 Borg CR-10 in einem hohen Bereich, Impulsanstieg/-abfall erfolgen in Abhängigkeit von Trainingszustand/-ziel und Impulsdauer direkt (rechteckig) oder mit Spannungsaufbau < 0,5 s.

Während der Impulsphase werden je nach Trainingsziel funktionelle Körper-übungen durchgeführt, die im Gesundheits- und Fitnessbereich mit niedriger, im Leistungssport mit hoher willkürlicher Aktivierung also hoher Intensität durch-geführt werden.

Kritisch ist anzumerken, dass die oben genannten Empfehlungen über-wiegend aus Studien zur lokalen EMS stammen und aufgrund (zur WB-EMS) abweichender Stimulationsprotokolle nicht zwingend auf die WB-EMS trans-feriert werden können. Insgesamt fällt im Bereich der WB-EMS-Forschung ein geringer Enthusiasmus zur methodischen Evaluierung der günstigsten Belastungsprotokolle auch für naheliegenden Outcomes wie Maximalkraft, Power, Muskelmasse oder Rückenschmerz auf. Da sich viele der bislang avisierten Outcomes über das oben aufgeführte Standardprotokoll positiv beein-flussen ließen, wurden forschungsintensive Methodenvergleiche mit wenigen Ausnahmen wie bspw. Berger et al. (2020) bislang viel zu wenig berücksichtigt.

▷   Die aufgrund Ihrer Zeiteffizienz derzeit favorisierte kraftorientierte Methodenvariante der WB-EMS kann sicherlich nicht allen Trainingszielen optimal gerecht werden.

Gefahrenpotenzial, Handlungsempfehlungen und Kontraindikatoren

3

Michael Fröhlich, Christoph Eifler und Wolfgang Kemmler

3.1 Gefahrenpotenzial

Die Transformation der EMS-Technologie von der ursprünglichen lokalen EMS-Anwendung im medizinisch-therapeutischen Setting hin zur Ganzkörper-EMS (WB-EMS) hat zu einer sukzessiv zunehmenden Verbreitung dieser Trainingstechnologie in den kommerziellen Fitnessbereich geführt. Leider werden immer wieder gesundheitsgefährdende Zwischenfälle berichtet, die auf zu intensive WB-EMS-Applikationen, insbesondere im Kontext der Erstapplikation, hindeuten. Durch solche negative Erfahrungen gerät das WB-EMS-Training, welches bei korrekter Anwendung eine sichere und effektive Trainingsform darstellt, in die Kritik. Ungeachtet dessen, ist nach Kemmler et al. (2016a) jedoch unbestritten davon auszugehen, dass eine missbräuchliche WB-EMS-Applikation zu Komplikationen, wie einer *Rhabdomyolyse* (gewebliche Auflösung der quergestreiften Muskulatur, d. h. Zerfall der Muskelfasern), führen kann, die mit schwerwiegenden renalen, hepatischen und kardialen Komplikationen assoziiert ist. Es besteht somit die Notwendigkeit, die WB-EMS-Technologie verantwortungsvoll zu nutzen und WB-EMS-Applikationen nach wissenschaftlich abgesicherten Kriterien auszuführen.

Das Gefährdungspotenzial der WB-EMS resultiert aus den Spezifika dieser Trainingstechnologie per se. Bei der WB-EMS erfolgt der Reiz zur Muskelkontraktion nicht willkürlich, sondern extern über das EMS-Steuergerät. Dadurch ist die WB-EMS im Hinblick auf Risiken und Nebenwirkungen nur sehr bedingt mit einem konventionellen Krafttraining vergleichbar. Bei der WB-EMS-Anwendung muss berücksichtigt werden, dass physiologische Mechanismen, die bei einem Krafttraining vor einer Überlastung schützen, nicht greifen. Tritt bei einem Krafttraining die muskuläre Erschöpfung oder gar das Muskelversagen ein, so kann die Trainingslast nicht mehr überwunden werden. Diese physiologischen Schutzmechanismen existieren bei der WB-EMS nicht: Trotz Ausbelastung setzt das WB-EMS-Gerät seine Stromimpulse fort, und der bereits ausbelastete Muskel reagiert mit Kontraktionen. Erschwerend kommt hinzu, dass bei einer WB-EMS-Anwendung weitaus mehr Muskeln großflächig und simultan gereizt werden.

Ein weiteres Kernproblem liegt in dem Einsetzen der Symptome einer derart massiven Überlastung der Skelettmuskulatur. Das oben beschriebene Überlastungsrisiko bei der WB-EMS-Anwendung zeigt sich nicht zwangsläufig bereits während der Trainingseinheit. Die Symptome und Folgen einer derartigen Überlastung treten zeitversetzt ein, i. d. R. erst drei bis vier Tagen nach dem zu hohen Reiz (Kemmler et al., 2015a). Typische Symptome einer Rhabdomyolyse sind Muskelschmerzen, Muskelschwäche, Muskelödeme, Fieber, Übelkeit sowie bräunlich verfärbter Urin. Als gefährliche Komplikationen einer Rhabdomyolyse kann es zum akuten Nierenversagen sowie zu einem Kompartmentsyndrom kommen, einer Einengung der betroffenen Muskelareale in der Muskelfaszie mit einhergehender Störung der Durchblutung.

3.2 Handlungsempfehlungen zur sicheren WB-EMS-Anwendung

Auf Anregung der im EMS-Bereich forschenden Trainingswissenschaftler der Universitäten Köln, Erlangen und Kaiserslautern wurden im Rahmen einer Konsensus-Veranstaltung Handlungsempfehlungen erarbeitet, die bei der WB-EMS-Anwendung Berücksichtigung finden sollten. Diese Handlungsempfehlungen richten sich an EMS-Anwender, Betreiber von EMS-Studios sowie an Trainer, die mit WB-EMS arbeiten.

> Bevor auf die direkte Umsetzung eingegangen wird, gilt es allgemein zu berücksichtigen, dass a) ein sicheres und effektives WB-EMS-Training immer mit Begleitung eines ausgebildeten und lizenzierten WB-EMS-Trainers oder wissenschaftlich geschultem und in der Thematik beheimatetem Personenkreis durchgeführt werden sollte, b) Neueinsteiger vor dem ersten Training eine Anamnese mit schriftlicher Abfrage möglicher Kontraindikationen absolvieren und c) bei relevanten Auffälligkeiten das Training erst nach ärztlicher Freigabe durchgeführt werden darf.

3.2.1   Vorbereitung auf das Training

Wie bei jedem intensiven sportlichen Training ist darauf zu achten, dass die WB-EMS-Applikation nur in guter körperlicher Verfassung durchzuführen ist. Dies beinhaltet einen Verzicht auf Alkohol, Drogen, Stimulanzien bzw. Muskelrelaxantien oder erschöpfende Belastungen im Vorfeld. Besonders bei fiebrigen Erkrankungen sollte von einem WB-EMS-Training komplett abgesehen werden. Da das WB-EMS-Training über den hohen Umfang an beanspruchter Muskelmasse zu einer sehr hohen metabolischen Belastung des Organismus führt, ist auf eine ausreichende möglichst kohlehydratreiche Nahrungsaufnahme im Vorfeld zu achten. Des Weiteren sollte, um einer möglichen Nierenbelastung durch intensive WB-EMS-Applikation entgegenzuwirken, auf eine erhöhte Flüssigkeitszufuhr vor und nach dem Training geachtet werden.

3.2.2   Durchführung des Trainings

Unabhängig vom körperlichen Status, Sportvorerfahrung und dem entsprechenden Wunsch des Anwenders, sollte in keinem Fall ein ausbelastendes WB-EMS-Training während der ersten Applikation ausgeführt werden. Nach moderater initialer WB-EMS-Applikation sollte die Stromstärke sukzessive gesteigert und den individuellen Zielen angepasst werden. Frühestens nach acht bis zehn Wochen systematischen Trainings, sollte die höchste Ausprägung stattfinden. Ein komplett ausbelastendes Training insbesondere im Sinne eines schmerzhaften, stetigen Tonus während der Stromphase, sollte generell vermieden werden. Daneben sollte das Ersttraining mit reduzierter effektiver Trainingszeit stattfinden. Empfohlen wird eine Impulsgewöhnung über drei bis fünf Minuten sowie ein verkürztes Training mit moderater Reizintensität und intermittierender Belastung mit kurzen Impulsphasen über ca. zwölf Minuten (Abschn. 2.3) Die Trainingsdauer sollte erst im Anschluss vorsichtig gesteigert werden und schließlich maximal 20 min pro Training betragen. Um eine ausreichende Konditionierung zu gewährleisten und mögliche gesundheitliche Beeinträchtigungen zu minimieren bzw. auszuschließen, sollte die Trainingshäufigkeit während der ersten acht bis zehn Wochen eine Trainingseinheit pro Woche nicht übersteigen. Nach dieser ersten Konditionierungsphase sollte im Weiteren ein Abstand von mindestens vier Tagen zwischen den Trainingseinheiten eingehalten werden, um einer Akkumulation von Muskelzerfallsprodukten vorzubeugen, Regeneration und Anpassung zu sichern und somit den Trainingserfolg zu gewährleisten.

3.2.3 Sicherheitsaspekte während und nach dem Training

Geschultes und lizensiertes Personal hat sich während der Trainingseinheit ausschließlich um die Belange der EMS-Nutzer zu kümmern. Vor, während und nach dem Training überprüft der Trainer verbal und per Augenschein den Zustand des Trainierenden, um gesundheitliche Risiken auszuschließen. Während des Trainings sind die Bedienelemente des Gerätes für den Trainer und auch für den Trainierenden jederzeit erreichbar und die Regelung muss dabei einfach, schnell und präzise erfolgen können. Innerhalb der hier vorgestellten Handlungsempfehlungen adressieren Kemmler et al. (2016a) ausschließlich das betreute WB-EMS-Training. Tatsächlich war es allgemeiner Konsens, dass eine sichere und effektive WB-EMS-Applikation ausschließlich in diesem Setting gewährleistet werden kann.

▶ Von der privaten Nutzung der Technologie ohne Begleitung durch einen ausgebildeten und lizensierten Trainer/Betreuer oder entsprechend wissenschaftlich geschultes Personal raten die Autoren ausdrücklich ab.

Des Weiteren wird von Kemmler et al. (2016a) dringend abgeraten, den Betreuungsschlüssel auf ein Maß zu erhöhen, welcher auch bei Berücksichtigung der technischen Entwicklung und Trainerausbildung ein individualisiertes und somit sicheres und effektives Training nicht mehr zulässt. Um eine individuell adäquate Stromintensität zu finden, muss der Trainer in permanenter Interaktion mit dem Trainierenden stehen. Diese Interaktion umfasst einen engmaschigen verbalen, visuellen und gegebenenfalls auch haptischen Informationsaustausch. Darüber hinaus sollte zur Steuerung der Stromintensität pro Stromkanal, respektive Muskelgruppe, mindestens dreimal während einer Trainingseinheit (i. d. R. 20 min Trainingsdauer) eine verbale Abfrage der individuellen Beanspruchung, ggf. mit Nachjustierung der Stromintensität erfolgen (Kemmler et al., 2020). Nur so kann auf der einen Seite eine trainingswirksame Reizintensität gewährleistet und auf der anderen Seite die Gefahr einer Überbelastung minimiert werden.

Auch der Abstand zwischen Trainer und Trainierendem sollte nur so weit sein, dass der Trainer den Trainierenden visuell kontrollieren, sich mit dem Trainierenden ohne größere räumliche Distanz verbal austauschen und innerhalb einer Sekunde erreichen kann. Daraus lässt sich schlussfolgern, dass eine WB-EMS-Anwendung zwingend als Personaltraining mit einer 1:1 Betreuung oder mit einer Betreuungsrelation von maximal zwei Trainierenden pro Trainer durchgeführt werden sollte.

Ungeachtet dessen gibt es jedoch auch Anbieter, die WB-EMS-Gruppenangebote vertreiben. Diese reichen von Small-Group-Angeboten (Kleingruppen unter zehn Personen) bis hin zu WB-EMS-Einheiten mit größeren Gruppen. Von den Konzeptanbietern dieser WB-EMS-Gruppenangebote wird immer wieder argumentiert, dass keine Evidenz für ein erhöhtes Sicherheitsrisiko bei WB-EMS-Anwendungen mit mehr als zwei Trainierenden pro Trainer vorliegt. Diese Argumentation ist jedoch nur bedingt haltbar. Zahlreiche Untersuchungen belegen das Gefährdungspotenzial einer unsachgemäßen WB-EMS-Anwendung (Finsterer & Stöllberger, 2015; Kästner et al., 2015, Teschler et al., 2016). Diese Untersuchungen zeigen, dass ein unsachgemäßes WB-EMS-Training bereits bei einer Betreuungsrelation von 1:1 oder 1:2 die Sicherheit der Trainierenden gefährdet. Daraus kann logisch geschlussfolgert werden, dass dieses Gefährdungspotenzial bei einer WB-EMS-Anwendung mit mehr als zwei Trainierenden pro Trainer aufgrund der Einschränkungen bei der individuellen Intensitätssteuerung deutlich höher liegen müsste. Seit 2018 schreiben die Prüfungskriterien der DIN 33961-5 aus den oben genannten Gründen daher eine Betreuungsrelation von maximal zwei Trainierenden pro Trainer vor (Kemmler et al., 2020).

3.3   Kontraindikationen der WB-EMS-Anwendung

Die nachfolgenden Ausführungen zu Kontraindikationen sind an die Prüfkriterien der DIN 33961-5 angelehnt. Diese reguliert die EMS-Anwendung im kommerziellen nicht-medizinischen Bereich. Wichtig erscheint der Hinweis, dass nicht zuletzt aufgrund absehbarer behördlicher Regulierung und oft zweifelhafter Übungsleiterqualifikation ein sehr konservativer Ansatz gewählt wurde. Durch die nun zumindest obligatorische Fachkunde-EMF zur Stimulation und neue wissenschaftliche Evidenz erwarten wir, dass Erkrankungen und Konditionen, die derzeit noch als Kontraindikationen gelten (bspw. Diabetes, Tumor- und Krebserkrankungen), in naher Zukunft auch im kommerziellen nicht-medizinischen WB-EMS sicher und effektiv adressiert werden können. In dieser Norm wird zwischen *absoluten* und *relativen* Kontraindikationen unterschieden. Bei dem Vorliegen absoluter Kontraindikationen ist ein WB-EMS-Training aufgrund potenzieller Gefährdung und möglicher Schädigung grundsätzlich abzulehnen. Hierbei gilt vor allem die Leitlinie, dass die auftretenden Schädigungen und Kontraindikationen akuter bzw. maßgeblich gesundheitsbeeinträchtigender Art sind. Ein WB-EMS-Training wäre also mit zu hohen Risiken verbunden und aufgrund der Sorgfaltspflicht gegenüber den Nutzern nicht vertretbar durchzuführen (Kemmler et al., 2019). Zu diesen absoluten Kontraindikationen zählen nach DIN 33961-5:

- Akute Erkrankungen, bakterielle Infektionen und entzündliche Prozesse: Unabhängig von der akuten Einschränkung durch die Erkrankung kommt es nach sportlicher Belastung zu einer erhöhten immunologischen Stresssituation des Körpers. Dadurch wird der Körper maßgeblich geschwächt und anfälliger für weitere Infektionen, weshalb generell von sportlichen Belastungen, respektive einem WB-EMS-Training dringend abzuraten ist (Baum & Liesen, 1998).
- Kürzlich vorgenommene Operationen: Operationen, welche mit offenen oder genähten Wunden einhergehen, verhindern ein WB-EMS-Training, wenn sich die Wunde an einer Applikationsstelle der Elektrode oder in direktem Umfeld befindet. Darüber hinaus sollte eine vollständige Genesung des ursprünglichen Operationsgrundes vorangegangen sein.
- Arteriosklerose, arterielle Durchblutungsstörungen: Bei einer Arteriosklerose kommt es zu krankhaften Einlagerungen von Blutfetten (Plaques) an der inneren Wand arterieller Gefäße. Da zum momentanen Wissensstand die Auswirkungen eines WB-EMS-Trainings auf arteriosklerotische Erkrankungen nicht ausreichend erforscht sind, der Krankheitsverlauf allerdings unter Umständen lebensbedrohlich sein kann, ist von einem WB-EMS-Training unbedingt abzusehen.
- Stents und Bypässe, die weniger als 6 Monate aktiv sind: Bei Stents und Bypässen erfolgt durch die Operation am Herzen ein massiver Eingriff in den menschlichen Organismus. Da WB-EMS-Training eine hochintensive Belastung darstellt, sollten in der postoperativen Rehabilitation in den ersten sechs Monaten nach dem Eingriff entsprechende Belastungen unbedingt vermieden werden.
- Unbehandelter Bluthochhochdruck: Behandelter und eingestellter Bluthochdruck beeinträchtigt die Fähigkeit, Sport zu treiben, nicht per se. Da unbehandelter Bluthochdruck jedoch mit einem erhöhtem Schlaganfall- und Herzinfarktrisiko sowie Niereninsuffizienz assoziiert ist, ist zunächst eine ärztliche Abklärung vorzunehmen und auf ein WB-EMS-Training zu verzichten (Appell et al., 2001).
- Diabetes Mellitus: Diabetes Mellitus beschreibt im Allgemeinen eine Störung des Kohlenhydratstoffwechsels. Je nach Ausprägungsform der diabetischen Erkrankung kann adäquate sportliche Betätigung einen positiven Einfluss auf

den Krankheitsverlauf sowie die Prävention nehmen. Da der exakte metabolische Einfluss hoch intensiver WB-EMS-Belastungen auf den Organismus
derzeit jedoch noch unzureichend untersucht ist, ist zunächst von einem WB-
EMS-Training abzuraten.

- Schwangerschaft: Da im Gegensatz zu dokumentierten Trainingsempfehlungen
  und Kontraindikatoren eines allgemeinen körperlichen Trainings während und
  nach Schwangerschaft (Sulprizio & Kleinert, 2016) für das WB-EMS-Training
  keine Evidenz vorliegt, ist nach aktuellem Stand während der Schwangerschaft
  ein WB-EMS-Training auszuschließen. Inwieweit ein WB-EMS-Training
  in der direkten Nachschwangerschaftsphase eingesetzt werden kann, ist derzeit noch nicht seriös zu beantworten und sollte somit nur nach ärztlicher
  Absprache erfolgen.
- Elektrische Implantate, Herzschrittmacher: Beim WB-EMS-Training wird mit
  Stromimpulsen verschiedener Frequenzen sowie unterschiedlichen Impuls-
  tiefen und Impulsintensitäten gearbeitet. Es gibt bislang keine Herstellerangaben
  über mögliche Interferenzen des applizierten Impulses des WB-EMS-Trainings
  mit elektrischen Implantaten. Da ein negativer Einfluss daher nicht per se ausgeschlossen werden kann, ist ein WB-EMS-Training jeglicher Art ausgeschlossen.
- Herz-Rhythmus-Störungen: Diese schließen eine leichte, konventionelle Form
  der sportlichen Betätigung nicht grundlegend aus. Für das hochintensive WB-
  EMS-Training existieren bislang keine evidenzbasierten Aussagen. Aufgrund
  dessen ist die WB-EMS so wie andere hochintensive Trainingsapplikationen
  einzustufen und aufgrund der potenziellen lebensgefährdenden Folgen
  auszuschließen.
- Tumor- und Krebserkrankungen: Sportliches Training wird bei Tumor- und
  Krebserkrankungen gezielt empfohlen (Dimeo & Thiel, 2008). Für das WB-
  EMS-Training existieren jedoch bislang kaum evidenzbasierte Aussagen zur
  Belastungsgestaltung sowie hinsichtlich präventiver oder therapeutischer
  Effekte. Studien, die eine positive Wirkung auf die Körperkomposition von
  Krebspatienten bestätigen, fanden in einem palliativen Setting mit Patienten
  im fortgeschrittenen Krebsstadium statt (Schink et al., 2018a, 2018b). Daher
  ist das WB-EMS-Training in der akuten Therapiephase sicherheitshalber
  auszuschließen, wohingegen in der Krebsnachsorge nach vorheriger ärztlicher
  Abklärung ein WB-EMS in Erwägung gezogen werden kann.
- Blutungsstörungen, Blutungsneigung (Hämophilie): Der Zusammenhang und
  die Auswirkungen einer WB-EMS auf Blutungsstörungen bzw. Blutungs-
  neigungen sind noch komplett unerforscht. Es gibt zwar erste Anzeichen einer
  Leistungssteigerung der Oberschenkelmuskulatur durch EMS bei Patienten
  mit Blutungsstörungen (Querol et al., 2006), allerdings haben sich die Autoren

hierbei nur mit einer isolierten Muskelgruppe unter Laborbedingungen mit stetiger Aufsicht durch geschultes Personal befasst, weswegen aufgrund des hohen Risikos für den betroffenen Patienten ein WB-EMS-Training derzeit ausgeschlossen wird.

- Neuronale Erkrankungen, Epilepsie, schwere Sensitivitätsstörungen: In Bezug auf epileptische Krankheitsbilder könnte die Stromapplikation durch das EMS-Training eine Hypererregbarkeit von Nervenzellen bedingen. Darüber hinaus liegt sowohl für Ausdauer- als auch Krafttraining keine eindeutige Evidenz zur Verbesserung des bestehenden Krankheitsbildes vor. Somit ist von einem WB-EMS-Training abzusehen.
- Bauchwand- und Leistenhernien: Diese stellen eine akute, schwerwiegende Verletzung im Bereich des Abdomens dar. Durch körperliche Belastung bzw. entsprechende Zug- oder Druckbelastung auf die entstandene Wunde kann es zur Vergrößerung der Hernie und einem damit einhergehenden Austritt oder sogar zur Verletzung innerer Organe kommen. Ein solches Krankheitsbild muss aus diesem Grund umgehend fachärztlich behandelt werden und schließt ein körperliches Training jeglicher Art, vor allem ein hochintensives WB-EMS-Training grundlegend aus.
- Unter dem Einfluss von Alkohol, Drogen, Psychopharmaka oder Rauschmitteln in verschiedenster Darreichungsform und Höhe ist ein allgemeines körperliches Training, respektive WB-EMS-Training aufgrund möglicher Gefährdung und Schädigung prinzipiell auszuschließen.

> ▷ Während die absoluten Kontraindikationen keinen Interpretationsspielraum zulassen, regeln relative Kontraindikationen Faktoren, die nicht generell als Ausschlusskriterien für ein WB-EMS-Training gelten müssen.

Relative Kontraindikationen sind Faktoren, welche ein WB-EMS-Training lediglich partiell an bestimmten Körperregionen ausschließen oder nur nach vorheriger ärztlicher Abklärung erlauben. Zu den relativen Kontraindikationen zählen nach DIN 33961-5:

- akute Rückenbeschwerden ohne Diagnose
- akute Neuralgien, Bandscheibenvorfälle
- Implantate, die älter als 6 Monate sind
- Erkrankungen der inneren Organe, insbesondere Nierenerkrankungen
- kardiovaskuläre Erkrankungen
- Bewegungskinetosen

- größere Flüssigkeitsansammlungen im Körper, Ödeme
- offene Hautverletzungen, Wunden, Ekzeme, Verbrennungen
- entsprechende Medikamente

Die relativen Kontraindikationen lassen den WB-EMS-Anwendern einen gewissen Interpretations- und Handlungsspielraum, was jedoch in der Trainingspraxis zu Unsicherheiten führen kann. Die formelle Regelung von Kontraindikationen sollte keineswegs dazu führen, potenzielle Nutzer, für die WB-EMS-Training eine sinnvolle und gesundheitsfördernde Intervention darstellt, durch die Notwendigkeit einer ärztlichen Freigabe abzuschrecken. Die Abfrage relativer Kontraindikationen dient prinzipiell dazu, akut vorliegende gravierende Beeinträchtigungen der Gesundheit zu erfassen, die einen direkten Einfluss auf die Belastbarkeit des Trainierenden haben können.

Als relative Kontraindikationen werden weiterhin Symptome klassifiziert, deren Ursache ohne eine ärztliche Abklärung zunächst unbekannt ist. Die Ursachen einer Bewegungskinetose oder einer Ödembildung können relativ harmlos, aber auch das Leitsymptom einer bis dato nicht diagnostizierten schweren Erkrankung sein. Es liegt weder im Kompetenz-, noch im Verantwortungsbereich der EMS-Trainer, Diagnosen für diese Beschwerden zu stellen. Insofern ist eine ärztliche Abklärung vor der WB-EMS-Applikation in diesen Fällen obligat. Die Risikoabwägung bei Erkrankungen innerer Organe oder bei Implantaten übersteigt ebenso den Kompetenzbereich der EMS-Trainer. Auch in diesen Fällen ist die ärztliche Abklärung vor der WB-EMS-Applikation zwingend erforderlich.

Im Kontext der Anamnese vor einem WB-EMS-Training sind weiterhin Angaben zu Erkrankungen oder Verletzungen der Haut typisch. Bei großflächigen Hautverletzungen bzw. Wunden und schweren großflächigen Hautirritationen (z. B. Allergien, Ekzeme, aktive Neurodermitis etc.) wird höchstwahrscheinlich schon von Nutzerseite das WB-EMS-Training abgelehnt werden. Unsicherheiten bestehen jedoch beim Vorliegen eines Sonnenbrandes. Auch hier sollten Trainer die Schwere sowie die Fläche des Sonnenbrandes zunächst mit den Nutzern abklären und erst dann eine Entscheidung treffen, inwieweit eine WB-EMS-Applikation an den betroffenen Köperregionen bzw. Hautarealen realisierbar ist.

⯈ Summa summarum sollten im Kontext der kommerziellen, nicht-medizinischen WB-EMS-Anwendung Trainer bei der Abfrage eventuell vorliegender relativer Kontraindikationen den gesundheitlichen Nutzen des WB-EMS-Trainings gegenüber den Risiken der Erkrankungen abwägen, sofern dies ihren Kompetenz- und Verantwortungsbereich nicht überschreitet.

Evidenz von WB-EMS auf unterschiedliche Zielgrößen

4

Wolfgang Kemmler, Michael Fröhlich und Christoph Eifler

4.1 Gesundheit

Die Beeinflussung gesundheitlicher Größen ist ein wesentlicher Schwerpunkt der WB-EMS. Vulnerable Gruppen sowie Menschen, die eine konventionelle Trainingsformen wie Kraft- oder Ausdauertraining nicht mehr durchführen können oder möchten, sehen in der WB-EMS eine Option zur eigenverantwortlichen Prävention und/oder Therapie. Betrachtet man WB-EMS als kraftorientierte Trainingsmethode, so zeigen sich grundsätzlich ähnliche Effekte auf Gesundheitsgrößen wie bei einem klassisch orientierten Krafttraining. Im Gegensatz zum langjährig intensiv beforschten Krafttraining liegen für die relativ junge Trainingsmethode WB-EMS allerdings deutlich weniger Forschungsergebnisse und somit Evidenzen für positive Effekte vor. WB-EMS wird derzeit überwiegend als *„resistance type exercise"* angesehen und entsprechend mit hoher Impulsintensität und kurzer Reizdauer appliziert. Für dieses kraftorientierte Setting liegen die meisten Untersuchungen vor.

4.1.1 Rückenschmerzen

Mehrere Forschungsprojekte mit WB-EMS-Standardprotokollen (1 × 20 min pro Woche intermittierende, bipolare Stromapplikation) zeigten übereinstimmend signifikant positive Effekte auf die Schmerzintensität chronisch unspezifischer Rückenschmerzen bei Rückenschmerzpatienten bzw. bei Athleten. Ein zentrales Projekt gliederte sich dabei in drei Abschnitte, in denen erstens eine Meta-Analyse individueller Patientendaten (Kemmler et al., 2017a), zweitens eine

W. Kemmler et al., *Ganzkörper-Elektromyostimulation,* essentials, https://doi.org/10.1007/978-3-662-65206-0_4

randomisierte klinische Studie mit inaktiver Kontrollgruppe (Weissenfels et al., 2018) und drittens eine randomisierte Studie mit zwei aktiven Vergleichsgruppen (Rückenkrafttraining und Ganzkörper-Vibration) durchgeführt wurden (Micke et al., 2021). Die zwei ersten Projektabschnitte zeigten positive Effekte im Sinne eines signifikanten Unterschiedes zwischen WB-EMS und Kontrollgruppe für die Veränderung der Rückenschmerzintensität, der dritte Projektabschnitt ergab vergleichbar (gute positive) Ergebnisse der drei Trainingsmethoden. Eine weitere Studie verglich eine isolierte WB-EMS Applikation mit einer halbstationären, interdisziplinären multimodalen Schmerztherapie ebenfalls bei Menschen mit chronisch unspezifischen Rückenschmerzen (Konrad et al., 2020). Nach 4–6 Wochen zeigten sich deutliche Unterschiede zwischen WB-EMS und multimodaler Therapie zugunsten der WB-EMS-Gruppe.

> Zusammenfassend bestehen für den Bereich „chronisch unspezifische Rückenschmerzen" derzeit die wohl höchsten Evidenzen für einen positiven Effekt der WB-EMS-Technologie! Volkswirtschaftliche Effekte eines langfristig angelegten WB-EMS-Trainings sind weiter zu verfolgen.

4.1.2 Sarkopenie

Sarkopenie, die kombinierte Abnahme von Muskelmasse, Muskelkraft und/oder -leistung ist seit 2018 als Erkrankung etabliert (ICD-10, 62.50). Da die Diagnostik dieses geriatrischen Syndroms per Definition sowohl funktionelle Parameter (z. B. Handkraft, Gehgeschwindigkeit) wie auch morphometrische Größen (z. B. Skelettmuskelmasse) einschließt (Cruz-Jentoft et al., 2019), erscheint der Einsatz von WB-EMS für dieses leistungsschwache Kollektiv als besonders gut geeignet. Drei Untersuchungen evaluierten die Effekte einer WB-EMS auf Sarkopeniegrößen bei Frauen (Kemmler et al., 2016) oder Männern (Kemmler et al., 2017c) mit einer „Sarcopenic Obesity" oder einem Risikokollektiv von Frauen (Kemmler et al., 2014) ≥ 70 Jahren. In allen Fällen zeigte die vier-, sechs- oder zwölfmonatige Intervention signifikant positive und klinisch relevante Effekte auf Sarkopeniegrössen (Kemmler et al., 2014, 2016c, 2017c). Im Detail zeigten zwei der drei Untersuchung, trotz Anwendung leichter, funktioneller Körperübung bei WB-EMS-Applikation deutlich höhere Effekte auf die Muskelmasse, verglichen mit Größen wie Handkraft oder habituelle Gehgeschwindigkeit. Insgesamt ist die Evidenz für einen positiven Effekt von WB-EMS auf die Sarkopenie-Erkrankung somit als hoch anzusehen (Chisari et al., 2019).

▶ Durch seinen individualisierten, supervisierten und gelenkschonenden Charakter ist WB-EMS besonders gut für ein kraftorientiertes Training mit älteren Menschen geeignet.

4.1.3 Osteoporose

Bedingt durch die enge Interaktion zwischen Muskel und Knochen sollte WB-EMS ebenfalls relevante Effekte auf die Knochenfestigkeit zeigen. Obwohl im Rahmen der Erfassung der Muskelmasse mittels Referenzstandardmethode „Dual Energy x-ray Absorptiometry" (DXA) (Buckinx et al., 2018) „en passant" auch die Knochendichte als „Proxy" der Knochenfestigkeit erfasst wird, ist die Studienlage in diesem Spannungsfeld leider sehr defizitär. Ein Grund dafür ist, dass nur Untersuchungen mit einer Studiendauer von sechs Monaten und mehr geeignet sind, den Knochenmetabolismus und einhergehende belastungs-induzierte Effekt auf die Knochendichte an frakturgefährdeten Regionen sicher zu erfassen (Eriksen, 2010). Lediglich eine klinische Studie untersuchte den Effekt eines mit 12 Monaten ausreichend langen (Standard) WB-EMS-Programmes auf die Knochendichte bei über 70-jährigen Frauen mit einer diagnostizierten Osteopenie (von Stengel et al., 2015). Zusammenfassend zeigte die Knochen-dichte im Gegensatz zur Veränderung der fettfreien Masse (LBM), lediglich moderate Effekte an der Lendenwirbelsäule und vernachlässigbare Effekte an den Schenkelhalsregionen. Neben der fehlenden Impactbelastung (Kemmler & von Stengel, 2019), könnte ein weiterer Grund für dieses ernüchternde Ergeb-nis die geringe Trainingsfrequenz der WB-EMS sein, die mit der Sensibilität der Knochendichte für eine Trainingshäufigkeit von zwei und mehr Trainings-einheiten pro Woche kollidiert (Zitzmann et al., 2021).

▶ Im derzeitigen Setting ist ein WB-EMS-Training, zumindest für Menschen ohne Gelenksproblematik, nicht als primäre Trainings-intervention zur Osteoporosetherapie oder -prophylaxe zu empfehlen. Inwieweit WB-EMS als zusätzliche Trainingsmaßnahme positive Wirkeffekte zeigt, wäre für die spezifische Klientel weiter zu unter-suchen.

4.1.4 Arthrose

Lediglich eine Untersuchung (Park et al., 2021) erfasste die Effekte eines 3×20 min pro Woche durchgeführten WB-EMS-Standardprotokolls auf Schmerzstatus und Funktion via KOOS-Score (Roos & Lohmander, 2003) bei Menschen mit einer Kniearthrose. Die Autoren berichten eine signifikante Verbesserung der Kniefunktion und Linderung der Schmerzen im Vergleich zu einer inaktiven oder aktiven (isometrische Kräftigungsübungen) Kontrollgruppe. Zudem wurde nur in der WB-EMS Gruppe ein signifikanter antiinflammatorischer Effekt beobachtet, der bei einer lokalen EMS-Anwendung nicht zu erwarten wäre. Zusammenfassend erscheint WB-EMS als vielversprechende Anwendung bei (Knie-) Arthrose, die grundsätzlich positive Evidenz muss allerdings durch weitere Untersuchungen gesichert werden.

▶   Trotz der regional begrenzten Problematik der Arthrose ist WB-EMS durch seinen systemischen Effekt einer lokalen Applikation vorzuziehen und zeigt in den vorliegenden Studien einen positiven Wirkeffekt. Weitergehende Studien (u. a. zu Hüft- und Schulterarthrose) müssen diesen ersten Hinweisen weiter nachgehen.

4.1.5 Adipositas

Für die Adipositas liegen mehrere Studien vor (Andre et al., 2021; Bellia et al., 2020; Kemmler et al., 2016c; Kemmler et al., 2017c; Kim & Jee, 2020; Ricci et al., 2020), die den Einfluss von WB-EMS auf den Körperfettgehalt unter verschiedenen Rahmenbedingungen erfassen. Zwei dieser Untersuchungen erfassen die Sarcopenic Obesity des älteren Menschen und zeigen für eine Frauengruppe (Kemmler et al., 2016), die ein niedrigintensives WB-EMS-Protokoll absolviert hat, keine signifikanten Effekte auf den Körperfettgehalt. Im Gegensatz dazu wurde nach WB-EMS-Standardprogramm im korrespondierenden Männerkollektiv ein signifikanter Effekt berichtet (Kemmler et al., 2017c). Kim und Jee (2020), die ein Standardprotokoll – 3 x 40 min pro Woche bei adipösen, postmenopausalen Frauen – applizieren, fanden nach acht Wochen eine Reduktion von ca. 4 kg Körperfett bei gleichzeitiger signifikanter Erhöhung der Muskelmasse gegenüber der inaktiven Kontrollgruppe. Drei aktuelle Studien, welche den Effekt einer WB-EMS unter Energierestriktion (500–600 kcal pro Tag) bei adipösen Menschen erfassten, zeigten nach Applikation eines Standardprogrammes keine additiven Effekte des WB-EMS-Trainings auf die Reduktion des Körperfett (Bellia et al., 2020; Reljic et al., 2021; Willert et al., 2019). Zwei der Studien erfassen bei höherer Trainingsfrequenz (1,5–2 × 20 min pro Woche) günstigere WB-EMS-Effekte auf den Erhalt der Muskelmasse als bei isolierter Energierestriktion.

▶ WB-EMS kann als zusätzliches Tool, neben einer Energierestriktion die Körperfettmasse positiv beeinflussen, wobei die zu erwartenden Effekte eher gering einzuschätzen sind. Wichtiger erscheint das Moment der Aufrechterhaltung der fettfreien Masse unter Energierestriktion ("JoJo-Effekt").

4.1.6 Diabetes Typ II (T2DM) und Metabolisches Syndrom

Derzeit gilt T2DM aufgrund möglicher akuter Ereignisse als Kontraindikation für die nicht-medizinische, kommerzielle WB-EMS (Deutsches Institut für Normung – DIN 33961-5 2019). Dessen ungeachtet besteht eine moderat hohe Evidenz für positive Effekte einer WB-EMS auf den T2DM. So weisen van Buuren et al. (2015) in einer klinischen Studie, nach 10-wöchiger Standardapplikation (2 × 20 min pro Wo.) signifikant positive Effekte auf kardiometabolische Größen, aber auch auf Nüchternglukose und HbA1c-Wert bei einem Kollektiv mit T2DM nach.

▶ Bei vorsichtiger Anwendung durch medizinisch vorgebildetes Personal kann WB-EMS im Rahmen der T2DM Therapie sicher und effektiv eingesetzt werden.

Das Metabolische Syndrom steht für ein Cluster unterschiedlicher kardiometabolischer Risikofaktoren wie abdominaler Adipositas, Bluthochdruck, Dyslipoproteinämie und erhöhter Nüchternglukose. Metabolisches Syndrom (MetS) und (abdominale) Adipositas korrelieren über den Taillenumfang als zentrales Diagnosekriterium einiger MetS-Definitionen (Alberti et al., 2006). Die Evidenz, dass WB-EMS positive Effekte auf das MetS bzw. sein Größen hat, kann als relativ gesichert angesehen werden. Mit Ausnahme einer Untersuchung (Reljic et al., 2021) zeigten alle vorliegenden, einschlägigen Untersuchungen signifikant positive Effekte auf diesen Faktor (u.a. (Bellia et al., 2020; Kemmler et al., 2016b; Wittmann 2016)).

▶ Die im Risikocluster Metabolisches Syndrom assoziierten Faktoren sind durch ein zielgerichtetes WB-EMS-Training mit hoher Evidenz positiv zu beeinflussen.

4.1.7 Krebserkrankung

Krebserkrankungen sind wie T2DM absolute Kontraindikationen im nicht-medizinischen WB-EMS Setting (Deutsches Institut für Normung). Nicht zuletzt aufgrund der Tumorkachexie ist die Stabilisierung der Skelettmuskelmasse, Muskelkraft und -funktionalität durch eiweißreiche Ernährung und Muskeltraining jedoch eine wichtige Komponente multimodaler Therapiekonzepte. Erste Daten aus klinischen Studien weisen darauf hin, dass WB-EMS bei physisch eingeschränkten Tumorpatienten eine verträgliche Form der Muskelaktivierung darstellt und Muskelmasse, -kraft und funktionalität stabilisieren bzw. steigern kann (Schink et al., 2018a, 2018b). Zudem konnte gezeigt werden, dass auch bei Patienten mit fortgeschrittenem Prostata-, kolorektalem oder Pankreas-Karzinom durch eine 12-wöchiges WB-EMS Applikation anti-tumorale Mechanismen in Krebszellen aktiviert werden können. Erhobenes Blutserum der Trainingsteilnehmer hemmte in vitro das Wachstum von humanen Krebszellkulturen und verstärkte gleichzeitig deren Zelltod (Schwappacher et al., 2020, 2021).

4.1.8 Bluthochdruck und chronische Herzinsuffizienz

Derzeit liegt den Autoren keine Untersuchung vor, die ausschließlich Bluthochdruckpatienten inkludiert. Signifikante positive Veränderungen des Blutdrucks (u. a. systolisch, diastolisch, mittlerer Blutdruck) nach WB-EMS von acht Wochen Dauer und mehr werden allerdings von mehreren Untersuchungen mit Standardprotokollen berichtet (u. a. (Andre et al., 2021; Bellia et al., 2020)). Zwei klinische Studien untersuchten die Effekte einer WB-EMS-Intervention auf die chronische Herzinsuffizienz (Fritzsche et al., 2010; van Buuren et al., 2013). Während Fritzsche et al. (2010) positive Effekte auf die kardiometabolische Fitness berichteten, fanden van Buuren et al. (2013), nach 10-wöchiger Standardapplikation (2×20 min pro Woche), darüber hinaus klinisch hochrelevante myokardiale Anpassungserscheinungen wie bspw. eine Erhöhung der linksventrikulären Auswurfleistung um 13 %.

> ▶ WB-EMS scheint bei Bluthochdruck und chronischer Herzinsuffizienz positive Effekte zu zeigen, wobei die Evidenz weiter zu belegen wäre.

4.2 Körperzusammensetzung

4.2.1 Fettfreie Masse, weiche Magermasse, Muskelmasse

Mehrere klinische Studien erfassten den Effekt einer WB-EMS auf die oben genannten Größen bei unterschiedlichen Kollektiven, Fragestellungen und Messmethodiken. Insgesamt wiesen, mit Ausnahme weniger Untersuchungen im Spannungsfeld des Erhalts der Muskelmasse bei Energierestriktion (Reljic et al., 2021) oder nach bariatrischem Eingriff (Ricci et al., 2020), alle Untersuchungen konsistent überwiegend signifikant positive Effekte auf die fettfreie Masse, weiche Magermasse und/oder Muskelmasse nach. Eine entsprechende Meta-Analyse bestätigt dieses Ergebnis mit hoher Effektstärke (SMD: 1,23; 95 %-CI: 0,71–1,76) (Kemmler et al., 2021c). Eine MRT Untersuchung am medialen Oberschenkel berichtete darüber hinaus signifikant positive WB-EMS Effekte auf das intra-fasziale Muskelvolumen und die muskuläre Fettinfiltration (Kemmler et al., 2018).

▶ Es besteht eine hohe Evidenz für positive Effekte der WB-EMS auf Muskelmasse und korrespondierende morphometrische Messgrößen.

4.2.2 Körperfettmasse, Körperfettgehalt, abdominales Körperfett

Der Bereich „gesamtes und/oder abdominales Körperfett" ist wohl das am häufigsten von WB-EMS „Trials" adressierte Spannungsfeld. Zusätzlich zu den Verfahren, welche die Körperzusammensetzung erfassen, können auch einfache Umfangsmessungen wie der Taillenumfang eine Veränderung der abdominalen und (eingeschränkt) viszeralen Körperfettmasse hinreichend genau einschätzen (Ross et al., 2020). In der Summe zeigte sich eine drastische Heterogenität der Ergebnisse, mit hochsignifikant positiven (Kim & Jee, 2020), aber auch negativen Effekten (Jee, 2019) auf den Körperfettgehalt (Kemmler et al., 2021c). Dies ist zunächst den unterschiedlichen Rahmenbedingungen der Studien wie Probandencharakteristika und Ernährungsintervention geschuldet, hinzu kommen unterschiedliche WB-EMS-Protokolle, insbesondere im Hinblick auf Trainingshäufigkeit und Impulsintensität. Dass auch häufige WB-EMS-Applikationen (3×20 min pro Woche), zumindest bei geringer Impulsintensität, nicht zwingend zu positiven Effekten bei Normalgewichtigen führen, stellt eine wichtige Information dar (Jee,

2019). Wie bereits oben beschrieben, ist der additive Beitrag einer WB-EMS bei intendierter Gewichts- bzw. Fettreduktion via Energierestriktion als relativ gering einzustufen. Wichtiger als die Fettabnahme per se, die über die Ernährungs-restriktion zweifellos effektiver realisiert werden kann, erscheint in diesem Zusammenhang vielmehr der Erhalt der Muskelmasse, welche den Ruheumsatz maßgeblich beeinflusst (Stiegler & Cunliffe, 2006). WB-EMS, idealerweise in Ver-bindung mit kompensatorisch erhöhter Proteinsupplementierung, kann hier positive Ergebnisse auf den Erhalt der Muskelmasse bei Energierestriktion leisten (Bellia et al., 2020; Willert et al., 2019). Betrachtet man die Mechanismen, über die WB-EMS-Training Einfluss auf den Energiehaushalt nimmt, so wirkt diese Trainings-technologie über drei Wirkpfade (Teschler et al., 2018):

1. Den Effekt der WB-EMS-Applikation auf den akuten Energieumsatz, der aber bei einer zeiteffektiven Trainingsmethode wie WB-EMS auch bei hoher Impulsintensität überschaubar bleibt,
2. den Nachbrenneffekt im Sinne von kurzfristig (3–7 Tage) erhöhter Energie-bereitstellung durch Regeneration, Repairmechanismen und physiologischer Anpassung, sowie
3. die Erhöhung des Ruheumsatzes durch den Anstieg der Muskelmasse.

> WB-EMS ist ähnlich wie ein intensives, zeiteffektives HIT-Training zwar grundsätzlich geeignet, den Energieumsatz nachhaltig zu erhöhen und somit positive Effekte auf die gesamte und abdominale Körperfettmasse zu triggern – als isolierte Intervention zur Körper-fettreduktion können allerdings nur limitierte Effekte erwartet werden. Wesentlicher erscheint hier der Aspekt des Erhalts der Muskelmasse bei Energierestriktion, idealerweise durch kombinierte Trainingsintervention und Proteinsupplementierung.

4.3 Funktionale Fähigkeiten bei älteren Menschen, körperliche Fitness

4.3.1 Mobilität, Kraft der unteren Extremitäten und Handkraft

Klinische Studien mit älteren Menschen zeigen nahezu übereinstimmend positive Effekte auf Mobilitätsgrößen wie *timed up and go test* (Benavent-Caballer et al., 2014), *habituelle Gehgeschwindigkeit* (Evangelista et al., 2021) und *chair rising test* (Fiorilli et al., 2021). Inwieweit die leichten Körperübungen, die während der Impulsphase üblicherweise durchgeführt werden, bei körperlich limitierten Menschen bereits zu diesen positiven Effekten beitragen, ist nicht sicher geklärt. Belegt ist allerdings, dass eine willkürliche Bewegungsausführung während der Impulsphase zu signifikant höheren Verbesserungen der Beinkraft führt, als eine rein passive Applikation (Kemmler et al., 2015b). WB-EMS Untersuchungen, welche die Kraft der unteren Extremitäten erfassen, zeigen übereinstimmend klinisch hochrelevante, signifikante Effekte insbesondere auf die Hüft- und Knieextensoren (Amaro-Gahete et al., 2019; Sánchez-Infante et al., 2020), Muskelgruppen, die besonders eng mit Mobilität, Morbidität und Mortalität des älteren Menschen korrelieren (Visser et al., 2005). Die Handkraft („handgrip-strength") als hochgradig alltagsrelevante, funktionelle Fähigkeit des älteren Menschen, kann über WB-EMS ebenfalls klinisch relevant beeinflusst werden (u.a. (Kemmler et al., 2016c, 2017c).

4.3.2 Gleichgewichtsfähigkeit und Sturzprophylaxe

Die Gleichgewichtsfähigkeit erfassen nur wenige klinische WB-EMS Studien (Fiorilli et al., 2021; Nishikawa et al., 2021; Sánchez-Infante et al., 2020). Die Untersuchungen zeigen überwiegend positive Effekte, die allerdings nicht immer statistische Signifikanz erreichen. Eine Literaturübersicht von Paillard (2020), die sich weitgehend auf lokales EMS/NMES stützt, fasst zusammen, dass sich die Gleichgewichtsfähigkeit bei gebrechlichen/älteren Personen relevant verbessern kann, während die Auswirkungen bei jungen/gesunden Probanden neutral bis schwach ausgeprägt sind. Insgesamt sind die Effekte nach WB-EMS-Applikation dabei weniger hoch einzuschätzen als nach willkürlicher Muskelaktivierung. Dies mag an der nur eingeschränkt verwertbaren sensorischen Information für das zentrale Nervensystem aufgrund der gleichzeitigen Aktivierung sensorischer und motorischer Neuronen liegen (Paillard, 2022). Wohl aufgrund der nötigen hohen „Fallzahlen" evaluierte bislang keine WB-EMS Untersuchung Effekte auf die Anzahl von Sturzereignissen per se. Der positive Effekt auf wichtige Sturzprädiktoren wie Kraft der unteren Extremitäten oder Gleichgewichtsfähig-keit rechtfertigt aber die Erwartung positiver Effekte auf die Sturzhäufigkeit. Wichtig erscheint der Hinweis, dass adjuvante Körperübungen während der Stimulationsphase entsprechend der Zielstellung des Trainings angepasst werden sollten. Dies schließt u. a. die Anwendung methodischer Prinzipien bei der Schulung der Gleichgewichtsfähigkeit innerhalb des WB-EMS-Trainings mit ein.

❯❯ Die Gruppe der älteren, funktionell limitierten Menschen kann von einem WB-EMS-Training durch eine Verbesserung von Größen, die in engem Zusammenhang mit der Mobilität, Selbstständigkeit und Morbidität stehen, wohl am deutlichsten profitieren.

4.3.3   Ausdauer- und Kraftfähigkeit

Ausdauerleistungsfähigkeit wird (verkürzt) definiert als „Ermüdungswiderstands-fähigkeit" und „Fähigkeit zur schnellen Regeneration". Letzteres wird nur von einer WB-EMS Studie untersucht (de la Cámara Serrano et al., 2018), die im Einklang mit den Ergebnissen lokaler EMS-Applikation (Cochrane & Teo, 2015; Pinar et al., 2012) ähnliche Ergebnisse wie aktive oder passive Regenerations-methoden erzielt. Deutlich mehr Untersuchungen evaluieren WB-EMS induzierte Veränderungen auf Performanceparameter und physiologische Größen der Aus-dauerleistungsfähigkeit wie die maximale Sauerstoffaufnahme (VO_{2max} und VO_{2peak}) (Amaro-Gahete et al., 2019; Banerjee et al., 2005; Filipovic et al. 2019; Mathes et al., 2017; Wirtz et al., 2020). Die Studienlage ist aufgrund unterschied-licher Ansätze sehr unübersichtlich. Während einige Autoren von signifikanten Effekten auf die VO_{2max} bzw. VO_{2peak} bei Hobbyläufern (Amaro-Gahete et al., 2018) und gesunden Untrainierten (Banerjee et al., 2005) berichten, weisen andere Untersuchungen mit Fußballspielern (Filipovic et al., 2019), Hobby-läufern (Amaro-Gahete et al., 2018), Sportstudenten (Mathes et al., 2017) oder Untrainierten (Amaro-Gahete et al., 2019) keine Unterschiede zu einer korrespondierenden Kontrollgruppe nach. Der Aspekt einer angemessenen Ver-gleichsgruppe ist daher von zentraler Bedeutung, da mit einer Ausnahme (Amaro-Gahete et al., 2018) überlagerte („superimposed") Sprung/HIT/Lauf/Ergometer mit adjuvanter WB-EMS Protokolle appliziert werden ist ein Vergleich mit nicht-trainierenden Kontrollgruppen folglich wenig aussagekräftig. Lediglich eine Untersuchung berichtet die Ergebnisse eines Standard WB-EMS-Protokolls (1×20 min pro Woche) mit parallelem isolierten Lauftraining (1×20 min pro Woche) auf Größen der Ausdauerleistungsfähigkeit bei Hobbyläufern mit initial höherem Trainingsvolumen (90–180 min pro Woche) (Amaro-Gahete et al. 2018). Trotz Reduktion des disziplinspezifischen Trainingsvolumens zeigten sich nach 6-wöchigem WB-EMS-Training leichte, nicht signifikante Verbesserungen u. a. der VO_{2max}, ventilatorischer Schwellen und Schwellengeschwindigkeiten.

Die motorische Grundeigenschaft Kraft wird i. d. R. über die konzentrische Maximalkraft (1-RM) oder die maximale Willkürkontraktion (MVC) operationalisiert. In Bezug auf die Maximalkraft der Beinstrecker konnte in einem systematischen Review von Kemmler et al. (2021c) bei sechs Primärstudien und acht Studienarmen ein signifikanter Effekt der WB-EMS (SMD 0,98; 95 %-CI: 0,74–1,22) und bei vier Studien mit fünf Studienarmen ein signifikanter Effekt der WB-EMS auf die Maximalkraft der Rückenstreckmuskulatur (SMD 1,08; 95 %-CI: 0,78–1,39) bei untrainierten und/oder leistungsschwachen Kollektiven gezeigt werden. Berger et al. (2020) fanden bei zwei unterschiedlichen Stimulations-programmen (20 Hz vs. 85 Hz) mit weitgehend Untrainierten nach 10-wöchiger WB-EMS-Anwendung ebenfalls signifikante Verbesserungen der Kraft der Rücken-streckmuskulatur sowie Rückenbeugemuskulatur, wobei sich die beiden Inter-ventionen nicht signifikant voneinander unterschieden. Pano-Rodriguez et al. (2020) sowie Kemmler et al. (2015) bestätigen die signifikant positiven WB-EMS Effekte auf Maximalkraft und/oder Schnellkraft bei Untrainierten, auch im Ver-gleich zu aktiven Kontrollgruppen. Letztere Studie zeigt vergleichbare trainings-induzierte Verbesserungen der Maximalkraft bei WB-EMS versus hochintensivem Krafttraining (HIT). Die Effekte eines „superimposed" WB-EMS-Trainings bei Sportstudenten sind indes weniger eindeutig. Wirtz et al. (2020) berichten in ihrem Mini-Review mit fünf Studien von lediglich geringen, in jedem Fall nicht-signi-fikanten WB-EMS Effekten auf die Maximal- (SMD 0,11; 95 %-CI: −0,08–0,33) und Schnellkraft (SMD 0,12; 95 %-CI: −0,07–0,30), der Beinmuskulatur, der Sprungkraft (SMD: 0,01; −0,34–0.33) oder der Sprintfähigkeit (0,22; −0,15–0,60) im Vergleich zu denselben Trainingsprotokollen ohne WB-EMS.

▶ Zusammenfassend ist die Evidenz für positive Effekte eines Standard-WB-EMS-Protokolls auf Größen der Ausdauerleistungsfähig-keit gering. Dies ist zu einem guten Teil der Situation geschuldet, dass kaum Studien vorliegen, die den Effekt isolierter WB-EMS-Applikation auf die Ausdauerleistungsfähigkeit relevanter Zielgruppen methodisch angemessen adressieren. Die Evidenz für positive Effekte auf ausgewählte Kraftparameter kann hingegen als insgesamt moderat-hoch angesehen werden. Gerade bei Untrainierten zeigen sich dabei hohe Effektstärken.

Marktsituation, Trends und Entwicklungen

5

Christoph Eifler, Wolfgang Kemmler und Michael Fröhlich

5.1 Marktsituation

Die WB-EMS hat in den letzten Jahren kontinuierlich Einzug in den kommerziellen Fitnessmarkt gehalten. Repräsentative Marktdaten zur Verbreitung der WB-EMS im deutschen Fitnessmarkt liegen jedoch erst seit wenigen Jahren vor. Der Arbeitgeberverband deutscher Fitness- und Gesundheitsanlagen (DSSV) führt jährlich eine Marktstudie mit einer Erhebung branchenrelevanter Daten zum deutschen Fitnessmarkt durch. Im Jahr 2015 wurden in diesem Kontext erstmalig Daten zur Verbreitung der WB-EMS im deutschen Fitnessmarkt erhoben. Um differenzierte Daten zum Fitnessmarkt zu erhalten, werden die Fitnessunternehmen seit 2017 kategorisiert in Einzelbetriebe (Betriebe mit mehr als 200 m² Gesamtfläche), Kettenbetriebe (fünf oder mehr Fitnessanlagen eines Betreibers mit mehr als 200 m² Gesamtfläche) sowie Mikrobetriebe (Betriebe mit maximal 200 m² oder weniger Gesamtfläche).

Im Jahr 2015 gaben 17,2 % der Einzel- und 24,9 % der Kettenbetriebe an, WB-EMS als Spezialangebot neben klassischen Fitnessangeboten, wie gerätegestütztes Kraft- und Ausdauertraining, in der Angebotspalette zu führen (DSSV, 2015). Mikrobetriebe wurden zu diesem Zeitpunkt noch nicht differenziert ausgewertet. Im Vergleich zu gerätegestütztem Krafttraining (2015 im Angebot bei 91,7 % der Einzel- und bei 97,9 % der Kettenbetriebe) und gerätegestütztem Ausdauertraining (2015 im Angebot bei 83,2 % der Einzel- und 80,2 % der Kettenbetriebe) – spielte WB-EMS sowohl bei den Einzel- als auch bei den Kettenbetrieben eine eher untergeordnete Rolle. Diese Tendenz zeigte sich auch bei einer Betrachtung der zukünftig geplanten Investitionen. Im Jahr 2015 planten

W. Kemmler et al., *Ganzkörper-Elektromyostimulation*, essentials, https://doi.org/10.1007/978-3-662-65206-0_5

84,8 % der Einzel- und 77,9 % der Kettenbetriebe, keine Investitionen in die WB-EMS-Technologie zu tätigen (DSSV, 2015).

Eine differenzierte Betrachtung erlaubte die Marktstudie aus dem Jahr 2017, da zu diesem Zeitpunkt erstmalig Mikrostudios separat ausgewertet wurden (DSSV, 2017). Im Leistungsspektrum der Mikrobetriebe zeichnete sich bereits 2017 eine andere Entwicklung der WB-EMS ab. 2017 führten 16,1 % der Einzel- und 17,8 % der Kettenbetriebe WB-EMS als Angebot. Deutlich höher war der Anteil der Mikrobetriebe, die WB-EMS als Trainingsmöglichkeit anboten. Mit einem Anteil von 44,6 % stellte WB-EMS nach Personal Training das zweitstärkste Angebot bei den Mikrobetrieben dar. Auch die Befragung zu zukünftig geplanten Investitionen bestätigte die stärkere Marktdurchdringung der WB-EMS bei den Mikrobetrieben. 2017 gaben lediglich 20,0 % der Einzel- und 7,6 % der Kettenbetriebe an, Investitionen in WB-EMS zu planen. Hingegen planten 63,3 % der Mikrobetriebe, zukünftig in die WB-EMS-Technologie zu investieren.

Die Markstudie aus dem Jahr 2019 zeigte bei den Einzel- und Kettenbetrieben, im Vergleich zum Jahr 2017, eine rückläufige Entwicklung (DSSV, 2019). 2019 führen nur noch 9,4 % (−6,7 %) der Einzel- und 13,5 % (−4,3 %) der Kettenbetriebe WB-EMS in ihrem Leistungsbereich. Bei den Mikrobetrieben zeigte sich eine diametrale Entwicklung (Abb. 5.1).Mit 53,7 % (+9,1 %) ist der Anteil der Mikrobetriebe mit WB-EMS-Angebot gegenüber dem Jahr 2017 angestiegen.

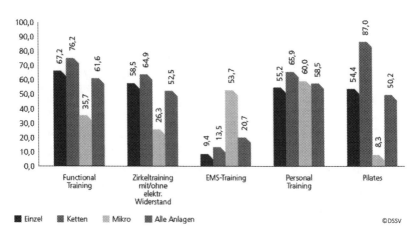

Abb. 5.1 Anteil der Fitnessunternehmen mit WB-EMS-Angebot im Jahr 2019 (DSSV, 2019)

Neben Personaltraining stellte WB-EMS nach wie vor den zweitstärksten Angebotsbereich innerhalb der Spezialangebote dar.

Um nicht nur die Investitionsbereitschaft, sondern die tatsächlich getätigten Investitionen zu erheben, wurde die Befragung ab 2019 um ein weiteres Item ergänzt. Abgefragt wurde nun der Anteil der Unternehmen, die im Vorjahr in die WB-EMS investiert hatten. 17,5 % der Einzel- und lediglich 2,3 % der Kettenbetriebe gaben 2019 an, im Vorjahr in WB-EMS investiert zu haben (Abb. 5.2). Bei den Mikrobetrieben zeigt sich erneut eine diametrale Entwicklung. 85,2 % der Mikrobetriebe gaben 2019 an, im Vorjahr in WB-EMS investiert zu haben.

Aufgrund der zurückliegenden Marktentwicklung werden Daten zur Verbreitung der WB-EMS mit der Marktstudie im Jahr 2021 nicht mehr unter der Rubrik „Spezialangebote", sondern im Kontext der klassischen Leistungsbereiche der Fitnessbranche präsentiert (DSSV, 2021). Wie schon bei der Marktstudie 2017 zeigten die Daten, dass die klassischen Trainingsangebote im Leistungsspektrum

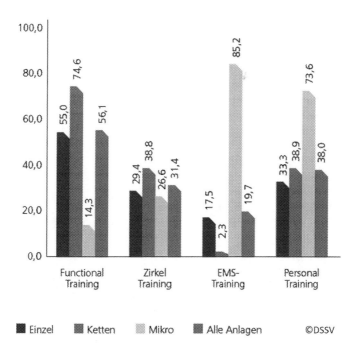

Abb. 5.2 Anteil der Fitnessunternehmen, die im Vorjahr in WB-EMS investiert haben (DSSV, 2019)

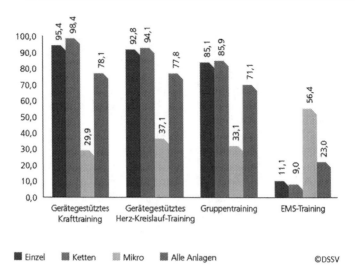

Abb. 5.3 Anteil der Fitnessunternehmen mit WB-EMS-Angebot im Jahr 2021 (DSSV, 2021)

der Einzel- und Kettenbetriebe deutlich präsenter sind als WB-EMS (Abb. 5.3). Vergleicht man die Marktentwicklung der WB-EMS mit den Daten aus dem Jahr 2019, so zeigte sich mit 11,1 % (+1,7 %) ein tendenzieller Anstieg des WB-EMS-Angebots bei Einzelbetrieben. Bei den Kettenbetrieben zeigt sich eine rückläufige Entwicklung. Nur noch 9,0 % (−4,5 %) der Ketten führen WB-EMS als Leistungsbereich. Bei den Mikrobetrieben zeigte sich erneut ein Anstieg von 2,7 % auf nunmehr 56,4 %.

2021 gaben 9,7 % der Einzelbetriebe an, im Vorjahr in WB-EMS-Geräte investiert zu haben. Bei den Kettenbetrieben zeigte die Marktstudie, dass im Vorjahr bei lediglich 0,7 % der befragten Unternehmen Investitionen in WB-EMS-Geräte getätigt wurden. Demgegenüber stehen 59,1 % der Mikrobetriebe, die im Vorjahr in WB-EMS-Technologie investiert haben.

5.2 Trends

Die ab 2015 vorliegenden Daten zeigen, dass WB-EMS in Einzel- und Kettenbetrieben im Vergleich zu den klassischen Leistungsbereichen eine weniger bedeutende Rolle spielt. Die Daten lassen die Schlussfolgerung zu, dass der

WB-EMS-Markt bei diesen Fitnessanbietern weitgehend gesättigt ist und auch zukünftig nur geringfügig variieren dürfte. Diametral dazu stellt sich die Marktentwicklung der WB-EMS bei Mikrobetrieben dar. Seit einer ersten differenzierten Marktanalyse bei den Mikrobetrieben im Jahr 2017 kann ein kontinuierlich ansteigender Anteil der WB-EMS als Leistungsbereich in diesem Marktsegment beobachtet werden. In Anbetracht der Zahlen zu den geplanten und tatsächlich getätigten Investitionen darf davon ausgegangen werden, dass der WB-EMS-Markt auf der Ebene der Mikrobetriebe auch weiterhin expandieren wird.

In diesem Kontext zeichnet sich ein Trend zu einem auf WB-EMS-fokussierten Geschäftsmodell ab. Immer mehr Mikrobetriebe bieten ausschließlich WB-EMS an. Branchenüblich für dieses Geschäftsmodell ist die Bezeichnung als „Boutique-Studio" oder „Special Interest Studio". Im Jahr 2021 sind 1414 der insgesamt 9538 Fitnessstudios in Deutschland reine WB-EMS-Studios. Das entspricht 14,8 % des Gesamtmarktes (DSSV, 2021). Die Ausstattung dieser auf WB-EMS fokussierten Mikrobetriebe umfasst durchschnittlich ein bis zwei WB-EMS-Geräte. Mit durchschnittlich 108 m^2 weisen diese Betriebe eine vergleichsweise geringe Gesamtfläche auf. Charakteristisch für diese Studios ist zudem das engmaschige Betreuungskonzept mit maximal zwei Trainierenden pro Trainer. Der durchschnittliche monatliche Mitgliedsbeitrag bei WB-EMS-Studios beträgt 90,60 €. Das Preisniveau der WB-EMS-Mikrobetriebe ist im Vergleich zum Gesamtmarkt – der durchschnittliche monatliche Mitgliedsbeitrag in einem Fitnessstudio liegt bei 42,09 € – deutlich höher (DSSV, 2021). Die Kunden sind offensichtlich bereit, für die Nutzung der WB-EMS-Technologie und die permanent individuelle Trainingsbetreuung entsprechend höhere Gebühren zu zahlen.

5.3 Entwicklungen

Die rasante Marktentwicklung der WB-EMS in Deutschland auf der einen, sowie das Gefährdungspotenzial einer unsachgemäßen WB-EMS-Applikation auf der anderen Seite, haben in der Vergangenheit auch zu kritischen Stimmen geführt. Nach Publikation erster Einzelfallstudien von Finsterer und Stöllberger (2015), sowie Kästner et al. (2015) und diversen Medienberichten zu negativen gesundheitlichen Effekten, wurden 2016 erste Forderungen nach einer offiziellen Regulierung durch die zuständigen Behörden veröffentlicht (Malnick et al.,

2016). In diesem Kontext sind zwei zentrale Entwicklungen zur Optimierung der Kundensicherheit von besonderer Bedeutung für den deutschen WB-EMS-Markt. Mit Wirkung zum 25.10.2018 wurde die bestehende deutsche Norm für Fitnessstudios – die DIN 33961 – um einen Teil 5 (EMS-Training) erweitert. Die DIN 33961-5 reglementiert die sicherheitstechnischen Anforderungen an den Betrieb einer kommerziellen WB-EMS-Anlage bis hin zur Formulierung von Kontraindikationen für die WB-EMS-Anwendung.

Die Zertifizierung eines kommerziellen WB-EMS-Anbieters nach DIN 33961-5 erfolgt jedoch auf freiwilliger Basis. Daher ging diese Norm dem Gesetzgeber nicht weit genug. Im Jahr 2019 veröffentlichte das Bundesministerium für Umwelt, Naturschutz und Reaktorsicherheit (BMU) eine novellierte Strahlenschutzverordnung, die unter Artikel 4 neben Ultraschall- und Lasergeräten, auch die nicht-medizinischen Anwendungen im Bereich EMF (elektromagnetische Felder) und damit auch WB-EMS einschließt („Anwendungen nichtionisierender Strahlung am Menschen" – NiSV).

▶   Mit Wirkung zum 31.12. 2020 wurden somit erstmals gesetzliche Anforderungen an den sicheren und ordnungsgemäßen Betrieb von WB-EMS-Anlagen zu nichtmedizinischen Zwecken festgelegt. Die NiSV reguliert den Betrieb von EMS-Geräten, die Dokumentation der EMS-Anwendungen und verpflichtet zudem alle EMS-Anwender zum Erwerb einer spezifischen Fachkunde (EMF zur Stimulation) durch anerkannte Schulungsträger.

In Anbetracht der Tatsache, dass die derzeitige Generation von WB-EMS-Geräten die Applikationsparameter speichern und übertragen können, bleibt der Aufwand zur Dokumentation der Anwendungen für die WB-EMS Anbieter akzeptabel. Problematisch hingegen gestaltet sich die Umsetzung der Forderung nach einer Fachkunde durch die EMS Anwender, insbesondere der Zeitrahmen, in dem alle EMS-Anwender den Fachkundenachweis verbindlich erwerben müssen. Dem Umstand der hohen Anzahl an nicht ausreichend zertifizierten WB-EMS-Trainern geschuldet – vorsichtige Schätzungen gehen von ca. 5000 WB-EMS-Trainern in Deutschland aus (Kemmler et al., 2021b) – wird die Voraussetzung eines Fachkundenachweises für alle EMS-Anwender voraussichtlich nicht vor dem 31. Dezember 2022 in Kraft treten. Inwieweit dieser Zeitraum ausreichend sein wird, einen NiSV-konformen Betrieb der kommerziellen WB-EMS-Betriebe zu gewährleisten, bleibt abzuwarten (Kemmler et al., 2021a).

▶ Es steht außer Frage, dass eine flächendeckende Qualifikation der WB-EMS-Trainer ein wichtiges Qualitätskriterium für die WB-EMS-Branche darstellt und die Kundensicherheit erhöht. Dennoch stellen die verschärften Regularien der NiSV, die Kosten für deren Umsetzung sowie das relative knappe Zeitfenster zur Umsetzung der Maßnahmen, eine Herausforderung für die WB-EMS-Branche dar.

Was Sie aus diesem *essential* mitnehmen können

- In seiner derzeit favorisierten Anwendungsform ist WB-EMS als kraftorientierte Methodenvariante zu betrachten.
- Strikte Beachtung von Handlungsanweisungen, enge Supervision und Beachtung von Kontraindikationen führen zu mehr Sicherheit und Effektivität.
- Untersuchungen belegen eine hohe Sicherheit, Akzeptanz und Effizienz der WB-EMS, insbesondere auf krafttrainingsaffine, muskuloskeletale und kardiometabolische Größen.
- Die Einführung der NISV und deren verbindlicher Fachkunde stellt ein wichtiges Qualitätskriterium, aber auch eine Herausforderung für die WB-EMS-Branche dar.

Literatur

Alberti, K. G., Zimmet, P., & Shaw, J. (2006). Metabolic syndrome—A new world-wide definition. A consensus statement from the international diabetes federation. *Diabetic Medicin, 23*(5), 469–480.

Aldayel, A., Jubeau, M., McGuigan, M. R., & Nosaka, K. (2010). Less indication of muscle damage in the second than initial electrical muscle stimulation bout consisting of isometric contractions of the knee extensors. *European Journal of Applied Physiology, 108*(4), 709–717.

Amaro-Gahete, F. J., De-la-O, A., Sanchez-Delgado, G., Robles-Gonzalez, L., Jurado-Fasoli, L., Ruiz, J. R., et al. (2018). Functional exercise training and undulating periodization enhances the effect of whole-body electromyostimulation training on running performance. *Frontiers in Physiology, 9,* 720.

Amaro-Gahete, F. J., De-la-O, A., Jurado-Fasoli, L., Dote-Montero, M., Gutierrez, Á., Ruiz, J. R., et al. (2019). Changes in physical fitness after 12 weeks of structured concurrent exercise training, high intensity interval training, or whole-body electromyostimulation training in sedentary middle-aged adults: A randomized controlled trial. *Frontiers in Physiology, 10,* 451.

Andre, L. D., Basso-Vanelli, R. P., Ricci, P. A., Di Thommazo-Luporini, L., de Oliveira, C. R., Haddad, G. F., et al. (2021). Whole-body electrical stimulation as a strategy to improve functional capacity and preserver lean mass after bariatric surgery: A randomized triple-blind controlled trial. *International Journal of Obesity, 45*(7), 1476–1487.

Appell, H.-J., Graf, C., Predel, H.-G., & Rost, R. (2001). Herz-Kreislauf-System. In R. Rost (Hrsg.), *Lehrbuch der Sportmedizin* (S. 361–476). Deutscher Ärzte-Verlag.

Banerjee, P., Caulfield, B., Crowe, L., & Clark, A. (2005). Prolonged electrical muscle stimulation exercise improves strength and aerobic capacity in healthy sedentary adults. *Journal of Applied Physiology, 99*(6), 2307–2311.

Baum, M., & Liesen, H. (1998). Sport und Immunsystem. *Deutsches Ärzteblatt, 95*(10), A-538-A-540.

Bellia, A., Ruscello, B., Bolognino, R., Briotti, G., Gabrielli, P. R., Silvestri, A., et al. (2020). Whole-body electromyostimulation plus caloric restriction in metabolic syndrome. *International Journal of Sports Medicine, 41*(11), 751–758.

Benavent-Caballer, V., Rosado-Calatayud, P., Segura-Orti, E., Amer-Cuenca, J. J., & Lison, J. F. (2014). Effects of three different low-intensity exercise interventions on physical performance, muscle CSA and activities of daily living: A randomized controlled trial. *Experimental Gerontology, 58*, 159–165.

Berger, J., Ludwig, O., Becker, S., Backfisch, M., Kemmler, W., & Fröhlich, M. (2020). Effects of an impulse frequency dependent 10-week whole-body electromyostimulation training program on specific sport performance parameters. *Journal of Sports Science and Medicine, 19*, 271–281.

Borg, G., & Borg, E. (2010). *The Borg CR scales® folder*. Unpublished manuscript, Hasselby, Sweden.

Buckinx, F., Landi, F., Cesari, M., Fielding, R. A., Visser, M., Engelke, K., et al. (2018). Pitfalls in the measurement of muscle mass: A need for a reference standard. *Journal of Cachexia, Sarcopenia and Muscle, 9*(2), 269–278.

Chisari, E., Pavone, V., Sessa, G., Ravalli, S., & Musumeci, G. (2019). Electromyostimulation and whole-body vibration effects in elder sarcopenic patients. *Muscle, Ligaments and Tendons Journal, 9*(3), 433–441.

Cochrane, D. J., & Teo, C. (2015). The effect of neuromuscular electrical stimulation (FireflyTM device) on blood lactate clearance and anaerobic performance. *Edorium Journal of Sports Medicin, 1*, 1–6.

Cruz-Jentoft, A. J., Bahat, G., Bauer, J., Boirie, Y., Bruyere, O., Cederholm, T., et al. (2019). Sarcopenia: Revised European consensus on definition and diagnosis. *Age and Ageing, 48*(1), 16–31.

de la Cámara Serrano, M., Pardos, A. I., Veiga, Ó. L. (2018). Effectiveness evaluation of whole-body electromyostimulation as a postexercise recovery method. *Journal of Sports Medicine and Physical Fitness, 58*(12), 1800–1807.

Deutsches Institut für Normung – DIN 33961-5. (2019). *Fitness-Studio. Anforderungen an Studioausstattung und -betrieb. Teil 5: Elektromyostimulationstraining (EMS-Training)*. Berlin: Beuth Verlag.

Dimeo, F. C., & Thiel, E. (2008). Körperliche Aktivität und Sport bei Krebspatienten. *Der Onkologe, 14*(1), 31–37.

DSSV – Arbeitgeberverband deutscher Fitness- und Gesundheits-Anlage. (2015). *Eckdaten der deutschen Fitness-Wirtschaft 2015*. DSSV.

DSSV – Arbeitgeberverband deutscher Fitness- und Gesundheits-Anlagen. (2017). *Eckdaten der deutschen Fitness-Wirtschaft 2017*. DSSV.

DSSV – Arbeitgeberverband deutscher Fitness- und Gesundheits-Anlagen. (2019). *Eckdaten der deutschen Fitness-Wirtschaft 2019*. DSSV.

DSSV – Arbeitgeberverband deutscher Fitness- und Gesundheits-Anlagen. (2021). *Eckdaten der deutschen Fitness-Wirtschaft 2021*. DSSV.

Edel, H. (1991). *Fibel der Elektrodiagnostik und Elektrotherapie*. Verlag Gesundheit.

EMS-Training.de. (2017). *EMS-Studie 2017: Die erste Endkundenbefragung*. Zirndorf.

Eriksen, E. F. (2010). Cellular mechanisms of bone remodeling. *Reviews in Endocrine and Metabolic Disorders, 11*(4), 219–227.

Evangelista, A. L., Alonso, A. C., Ritti-Dias, R. M., Barros, B. M., de Souza, C. R., Braz, T. V., et al. (2021). Effects of whole body electrostimulation associated with body weight training on functional capacity and body composition in inactive older people. *Frontiers in Physiology, 12*, 638936.

Filipovic, A., DeMarees, M., Grau, M., Hollinger, A., Seeger, B., Schiffer, T., et al. (2019). Superimposed whole-body electrostimulation augments strength adaptations and type II myofiber growth in soccer players during a competitive season. *Frontiers in Physiology, 10,* 1187.

Filipovic, A., Kleinöder, H., Dormann, U., & Mester, J. (2011). Electromyostimulation—A systematic review of the influence of training regimens and stimulation parameters on effectiveness in electromyostimulation training of selected strength parameters. *Journal of Strength and Conditioning Research, 25*(11), 3218–3238.

Finsterer, J., & Stöllberger, C. (2015). Severe rhabdomyolysis after MIHA-bodytec® electrostimulation with previous mild hyper-CK-emia and noncompaction. *International Journal of Cardiology, 180,* 100–102.

Fiorilli, G., Quinzi, F., Buonsenso, A., Casazza, G., Manni, L., Parisi, A., et al. (2021). A single session of whole-body electromyostimulation increases muscle strength, endurance and proNGF in early parkinson patients. *International Journal of Environmental Research and Public Health, 18*(10), 5199.

Fritzsche, D., Fruend, A., Schenk, S., Mellwig, K.-P., Kleinöder, H., Gummert, J., et al. (2010). Electromyostimulation (EMS) in cardiac patients. Will EMS training be helpful in secondary prevention? *Herz, 35*(1), 34–40.

Jee, Y.-S. (2019). The effect of high-impulse-electromyostimulation on adipokine profiles, body composition and strength: A pilot study. *Isokinetics and Exercise Science, 27*(3), 163–176.

Kästner, A., Braun, M., & Meyer, T. (2015). Two cases of rhabdomyolysis after training with electromyostimulation by 2 young male professional soccer players. *Clinical Journal of Sport Medicine, 25*(6), e71–e73.

Kemmler, W., Bebenek, M., Engelke, K., & von Stengel, S. (2014). Impact of whole-body electromyostimulation on body composition in elderly women at risk for sarcopenia: The Training and ElectroStimulation Trial (TEST-III). *Age (Dordrecht, Netherlands), 36*(1), 395–406.

Kemmler, W., Teschler, M., Bebenek, M., & von Stengel, S. (2015a). Hohe Kreatinkinase-Werte nach exzessiver Ganzkörper-Elektromyostimulation: Gesundheitliche Relevanz und Entwicklung im Trainingsverlauf. *Wiener Medizinische Wochenschrift, 165*(21–22), 427–435.

Kemmler, W., Teschler, M., & von Stengel, S. (2015b). Effekt von Ganzkörper-Elektromyostimulation – „A series of studies". *Osteologie, 23*(1), 20–29.

Kemmler, W., Teschler, M., Weissenfels, A., Fröhlich, M., Kohl, M., & von Stengel, S. (2015c). Ganzkörper Elektromyostimulation versus HIT-Krafttraining? Einfluss auf Körperzusammensetzung und Muskelkraft. *Deutsche Zeitschrift für Sportmedizin, 66*(12), 321–327.

Kemmler, W., Fröhlich, M., von Stengel, S., & Kleinöder, H. (2016a). Whole-body electromyostimulation? The need for common sense! Rationale and guideline for a safe and effective training. *Deutsche Zeitschrift für Sportmedizin, 67*(9), 218–221.

Kemmler, W., Kohl, M., & von Stengel, S. (2016b). Effects of high intensity resistance training versus whole-body electromyostimulation on cardiometabolic risk factors in untrained middle aged males. A randomized controlled trial. *Journal of Sports Research, 3*(2), 44–55.

Kemmler, W., Teschler, M., Weissenfels, A., Bebenek, M., von Stengel, S., Kohl, M., et al. (2016c). Whole-body electromyostimulation to fight sarcopenic obesity in community-dwelling older women at risk. Results of the randomized controlled FORMOsA-sarcopenic obesity study. *Osteoporosis International, 27*(10), 3261–3270.

Kemmler, W., Weissenfels, A., Bebenek, M., Fröhlich, H., Kleinoeder, M., Kohl, et al. (2017a). Effects of Whole-Body-Electromyostimulation (WB-EMS) on low back pain in people with chronic unspecific dorsal pain - a meta-analysis of individual patient data from randomized controlled WB-EMS trials. *Evid Based Complement Alternat Med,* 1-8, 8480429.

Kemmler, W., Teschler, M., Weissenfels, A., Sieber, C., Freiberger, E., & von Stengel, S. (2017b). Prevalence of sarcopenia and sarcopenic obesity in older German men using recognized definitions: High accordance but low overlap! *Osteoporosis International, 28*(6), 1881–1891.

Kemmler, W., Weissenfels, A., Teschler, M., Willert, S., Bebenek, M., Shojaa, M., et al. (2017c). Whole-body electromyostimulation and protein supplementation favorably affect sarcopenic obesity in community-dwelling older men at risk. The randomized controlled FranSO Study. *Clinical Interventions in Aging, 12*, 1503–1513.

Kemmler, W., Grimm, A., Bebenek, M., Kohl, M., & von Stengel, S. (2018). Effects of combined whole-body electromyostimulation and protein supplementation on local and overall muscle/fat distribution in older men with sarcopenic obesity: The randomized controlled franconia sarcopenic obesity (FranSO) study. *Calcified Tissue International, 103*(3), 266–277.

Kemmler, W., & von Stengel, S. (Hrsg.). (2019). *The role of exercise on fracture reduction and bone strengthening.* Academic Press.

Kemmler, W., Weissenfels, A., Willert, S., Fröhlich, M., Ludwig, O., Berger, J., et al. (2019). Recommended contraindications for the use of non-medical wb-electromyostimulation. *Deutsche Zeitschrift für Sportmedizin, 70*(11), 278–282.

Kemmler, W., von Stengel, S., Willert, S., Berger, J., Ludwig, O., Vatter, J., et al. (2020). Response to the viewpoint of Stöllberger and Finsterer: Side effects of and contraindication for whole body electromyostimulation. *BMJ Open Sport & Exercise Medicine, 5*(1),e000619.

Kemmler, W., Fröhlich, M., & Eifler, C. (2021a). Quo vadis kommerzielles nicht-medizinisches Ganzkörper-EMS. *Physikalische Medizin, Rehabilitationsmedizin, Kurortmedizin, 31*(03), 157–158.

Kemmler, W., Fröhlich, M., & Eifler, C. (2021b). Whole-body electromyostimulation: More effectiveness and safety due to more regulation? Current developments, challenges and perspectives. *Journal of Biomedical Research & Environmental Sciences, 2*(6), 429–430.

Kemmler, W., Shojaa, M., Steele, J., Berger, J., Fröhlich, M., Schoene, D., et al. (2021c). Efficacy of whole-body electromyostimulation (WB-EMS) on body composition and muscle strength in non-athletic adults. A systematic review and meta-analysis. *Frontiers in Physiology, 12*(95), 640657.

Kim, J., & Jee, Y. (2020). EMS-effect of exercises with music on fatness and biomarkers of obese elderly women. *Medicina (Kaunas, Lithuania), 56*(4), 156.

Konrad, K. L., Baeyens, J.-P., Birkenmaier, C., Ranker, A. H., Widmann, J., Leukert, J., et al. (2020). The effects of whole-body electromyostimulation (WB-EMS) in comparison to a multimodal treatment concept in patients with non-specific chronic back pain—A prospective clinical intervention study. *PLoS ONE, 15*(8), e0236780.

Laufer, Y., & Elboim, M. (2008). Effect of burst frequency and duration of kilohertz-frequency alternating currents and of low-frequency pulsed currents on strength of contraction, muscle fatigue, and perceived discomfort. *Physical Therapy, 88*(10), 1167–1176.

Malnick, S. D., Band, Y., Alin, P., & Maffiuletti, N. A. (2016). It's time to regulate the use of whole body electrical stimulation. *British Medical Journal, 352*, i1693.

Mathes, S., Lehnen, N., Link, T., Bloch, W., Mester, J., & Wahl, P. (2017). Chronic effects of superimposed electromyostimulation during cycling on aerobic and anaerobic capacity. *European Journal of Applied Physiology, 117*(5), 881–892.

Micke, F., Weissenfels, A., Wirtz, N., von Stengel, S., Dörmann, U., Kohl, M., et al. (2021). Similar pain intensity reductions and trunk strength improvements following whole-body electromyostimulation vs. whole-body vibration vs. conventional back-strengthening training in chronic non-specific low back pain patients: A 3-armed randomized controlled trial. *Frontiers in Physiology, 13* (12), 664991.

Nishikawa, Y., Takahashi, T., Kawade, S., Maeda, N., Maruyama, H., & Hyngstrom, A. (2021). The effect of electrical muscle stimulation on muscle mass and balance in older adults with dementia. *Brain Sciences, 11*(3), 339.

Paillard, T. (2020). Acute and chronic neuromuscular electrical stimulation and postural balance: A review. *European Journal of Applied Physiology, 120*(7), 1475–1488.

Paillard, T. (2022). Neuromuscular or sensory electrical stimulation for reconditioning motor output and postural balance in older subjects? *Frontiers in Physiology, 12*, 779249.

Pano-Rodriguez, A., Beltran-Garrido, J. V., Hernandez-Gonzalez, V., Nasarre-Nacenta, N., & Reverter-Masia, J. (2020). Impact of whole body electromyostimulation on velocity, power and body composition in postmenopausal women: A randomized controlled trial. *International Journal of Environmental Research and Public Health, 17*(4), 4982.

Park, S., Min, S., Park, S. H., Yoo, J., & Jee, Y. S. (2021). Influence of isometric exercise combined with electromyostimulation on inflammatory cytokine levels, muscle strength, and knee joint function in elderly women with early knee osteoarthritis. *Frontiers in Physiolology, 12*, 688260.

Pinar, S., Kaya, F., Bicer, B., Erzeybek, M. S., & Cotuk, H. B. (2012). Different recovery methods and muscle performance after exhausting exercise: Comparison of the effects of electrical muscle stimulation and massage. *Biology of Sport, 29*(4), 269–275.

Querol, F., Gallach, J. E., Toca-Herrera, J. L., Gomis, M., & Gonzalez, L. M. (2006). Surface electrical stimulation of the quadriceps femoris in patients affected by haemophilia A. *Haemophilia, 12*(6), 629–632.

Reljic, D., Herrmann, H. J., Neurath, M. F., & Zopf, Y. (2021). Iron beats electricity: Resistance training but not whole-body electromyostimulation improves cardiometabolic health in obese metabolic syndrome patients during caloric restriction—A randomized-controlled study. *Nutrients, 13*(5), 1640.

Ricci, P. A., Di Thommazo-Luporini, L., Jurgensen, S. P., Andre, L. D., Haddad, G. F., Arena, R., et al. (2020). Effects of whole-body electromyostimulation associated with dynamic exercise on functional capacity and heart rate variability after bariatric surgery: A randomized, double-blind, and sham-controlled trial. *Obesity Surgery, 30,* 3862–3871.

Roos, E. M., & Lohmander, L. S. (2003). The Knee injury and Osteoarthritis Outcome Score (KOOS): From joint injury to osteoarthritis. *Health and Quality of Life Outcomes, 1,* 64.

Ross, R., Neeland, I. J., Yamashita, S., Shai, I., Seidell, J., Magni, P., et al. (2020). Waist circumference as a vital sign in clinical practice: A Consensus Statement from the IAS and ICCR Working Group on Visceral Obesity. *Nature Reviews Endocrinology, 16*(3), 177–189.

Sánchez-Infante, J., Bravo-Sáncheza, A., Abiánb, P., Estebana, P., Jimeneza, J., & Abián-Vicén, J. (2020). The influence of whole-body electromyostimulation training in middle-aged women. *Isokinetics and Exercise Science, 28*(4), 365–374.

Schink, K., Herrmann, H. J., Schwappacher, R., Meyer, J., Orlemann, T., Waldmann, E., et al. (2018a). Effects of whole-body electromyostimulation combined with individualized nutritional support on body composition in patients with advanced cancer: A controlled pilot trial. *BMC Cancer, 18*(1), 886.

Schink, K., Reljic, D., Herrmann, H. J., Meyer, J., Mackensen, A., Neurath, M. F., et al. (2018b). Whole-body electromyostimulation combined with individualized nutritional support improves body composition in patients with hematological malignancies – A pilot study. *Frontiers in Physiology, 9,* 1808.

Schwappacher, R., Dieterich, W., Reljic, D., Pilarsky, C., Mukhopadhyay, D., Chang, D. K., et al. (2021). Muscle-derived cytokines reduce growth, viability and migratory activity of pancreatic cancer cells. *Cancers, 13*(15), 3820.

Schwappacher, R., Schink, K., Sologub, S., Dieterich, W., Reljic, D., Friedrich, O., et al. (2020). Physical activity and advanced cancer: Evidence of exercise-sensitive genes regulating prostate cancer cell proliferation and apoptosis. *Journal of Physiology, 598*(18), 3871–3889.

Stefanovska, A., & Vodovnik, L. (1985). Change in muscle force following electrical stimulation. Dependence on stimulation waveform and frequency. *Scandinavian Journal of Rehabilitation Medicine, 17*(3), 141–146.

Stiegler, P., & Cunliffe, A. (2006). The role of diet and exercise for the maintenance of fat-free mass and resting metabolic rate during weight loss. *Sports Medicine, 36*(3), 239–262.

Strahlenschutzkommission. (Hrsg.). (2019). *Anwendung elektrischer, magnetischer und elektromagnetischer Felder (EMF) zu nichtmedizinischen Zwecken am Menschen. Empfehlung der Strahlenschutzkommission mit wissenschaftlicher Begründung.* Bonn.

Sulprizio, M., & Kleinert, J. (2016). *Sport in der Schwangerschaft. Leitfaden für die geburtshilfliche und gynäkologische Beratung.* Springer-Verlag.

Teschler, M., Wassermann, A., Weissenfels, A., Fröhlich, M., Kohl, M., Bebenek, M., et al. (2018). Short time effect of a single session of intense whole-body electromyostimulation on energy expenditure. A contribution to fat reduction? *Applied Physiology, Nutrition, and Metabolism, 43*(5), 528–530.

Teschler, M., Weissenfels, A., Fröhlich, M., Kohl, M., Bebenek, M., von Stengel, S., et al. (2016). (Very) high creatine kinase (CK) levels after Whole-Body Electromyostimulation. Are there implications for health? *International Journal of Clinical and Experimental Medicine, 9*(11), 22841–22850.

van Buuren, F., Horstkotte, D., Mellwig, K., Fruend, A., Bogunovic, N., Dimitriadis, Z., et al. (2015). Electrical myostimulation (EMS) improves glucose metabolism and oxygen uptake in type 2 diabetes mellitus patients—Results from the EMS study. *Diabetes Technology & Therapeutics, 17*(6), 413–419.

van Buuren, F., Mellwig, K. P., Prinz, C., Korber, B., Frund, A., Fritzsche, D., et al. (2013). Electrical myostimulation improves left ventricular function and peak oxygen consumption in patients with chronic heart failure: Results from the exEMS study comparing different stimulation strategies. *Clinical Research in Cardiology, 102*(7), 523–534.

Visser, M., Goodpaster, B. H., Kritchevsky, S. B., Newman, A. B., Nevitt, M., Rubin, S. M., et al. (2005). Muscle mass, muscle strength, and muscle fat infiltration as predictors of incident mobility limitations in well-functioning older persons. *Journals of Gerontology. Series A, Biological Sciences and Medical Sciences, 60*(3), 324–333.

von Stengel, S., Bebenek, M., Engelke, K., & Kemmler, W. (2015). Whole-body electromyostimulation to fight osteopenia in elderly females: The randomized controlled training and electrostimulation trial (TEST-III). *Journal of Osteoporosis, 2015*, 643520.

Weissenfels, A., Teschler, M., Willert, S., Hettchen, M., Fröhlich, M., Kleinöder, H., et al. (2018). Effects of whole-body electromyostimulation on chronic nonspecific low back pain in adults: A randomized controlled study. *Journal of Pain Research, 11*, 1949–1957.

Wenk, W. (2011). *Elektrotherapie*. Springer.

Willert, S., Weissenfels, A., Kohl, M., von Stengel, S., Fröhlich, M., Kleinöder, H., et al. (2019). Effects of whole-body electromyostimulation on the energy-restriction-induced reduction of muscle mass during intended weight loss. *Frontiers in Physiology, 10*(1012), 395–406.

Wirtz, N., Dormann, U., Micke, F., Filipovic, A., Kleinöder, H., & Donath, L. (2019). Effects of whole-body electromyostimulation on strength-, sprint-, and jump performance in moderately trained young adults: A mini-meta-analysis of five homogenous RCTs of our work group. *Frontiers in Physiology, 10*, 1336.

Wirtz, N., Filipovic, A., Gehlert, S., Marees, M., Schiffer, T., Bloch, W., et al. (2020). Seven weeks of jump training with superimposed whole-body electromyostimulation does not affect the physiological and cellular parameters of endurance performance in amateur soccer players. *International Journal of Environmental Research and Public Health, 17*(3), 1123.

Zitzmann, A. L., Shojaa, M., Kast, S., Kohl, M., von Stengel, S., Borucki, D., et al. (2021). The effect of different training frequency on bone mineral density in older adults. A comparative systematic review and meta-analysis. *Bone, 154*, 116230.

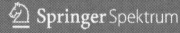

Printed in the United States
by Baker & Taylor Publisher Services